NEURO
FELICIDAD

DRA. ANA ASENSIO

NEURO FELICIDAD

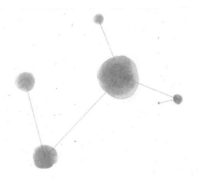

Rocaeditorial

Penguin
Random House
Grupo Editorial

Primera edición: febrero de 2024

© 2024, Ana Asensio
© 2024, Roca Editorial de Libros, S. L. U.
Travessera de Gràcia, 47-49. 08021 Barcelona
© 2024, Ramón Lanza, por las ilustraciones

Printed in Spain – Impreso en España

ISBN: 978-84-19743-87-9
Depósito legal: B-21397-2023

Compuesto en Grafime Digital, S. L.
Impreso en EGEDSA
Sabadell (Barcelona)

RE 43879

A mi padre, que siempre me inspiró a comprender
la naturaleza de nuestra salud y me animó a investigar al ser humano
desde una perspectiva global, holística e integral

ÍNDICE

SEGUNDA PARTE:
NEUROQUÍMICA DE LA FELICIDAD

4. LAS CUATRO MAGNÍFICAS

5. LOS ENEMIGOS DE LA FELICIDAD: ESTRÉS Y ANSIEDAD

6. CEREBRO Y CUERPO: LA CLAVE PARA LA FELICIDAD

INTRODUCCIÓN
LA VIDA ES ENERGÍA

En la vida, no hay nada que temer,
solo hay que comprender.

MARIE CURIE

A lo largo de mi vida me han acompañado dos preguntas. La primera me asaltó a una edad muy temprana: **«¿Por qué?»**. La repetía sin cesar, como suelen hacer los niños, sin preocuparme por resultar inoportuna. Años después se le unió una segunda pregunta: **«¿Para qué?»**. Juntas han definido mi desarrollo profesional y personal.

Podría empezar hablándote directamente de neuroquímica, de estructuras del cerebro y del funcionamiento del sistema nervioso, pero antes quiero explicarte los tres motivos que me han llevado a la escritura de este libro: mi pasión por la ciencia, mi relación con el cerebro y mi amor por la gente que me rodea.

La neurociencia era una disciplina casi desconocida y al alcance de muy pocos cuando comencé a trabajar en el Royal National Orthopaedic Hospital de Londres en 1998. Estuve destinada en la unidad de dolor crónico atendiendo a pacientes con daño cerebral, en rehabilitación neuropsicológica y emocional. Ya entonces hacía muchas preguntas, pero también escuchaba, como requiere esa especialidad, y he procurado mantener frescas ambas prácticas.

Buena parte de lo que aprendí gracias a aquella experiencia y en los años siguientes se puede resumir así: la vida es una aventura, un camino que recorrer con el único propósito de ser feliz, pero esa felicidad no está exenta de dolor. No puede ni debe estarlo. Descubrir esto y, sobre todo, aprender a gestionarlo es todo un arte. A mí me ha llevado muchos años de idas y venidas, de subir y bajar en una montaña rusa que no parecía funcionar muy bien, aunque yo fuera incapaz de averiguar por qué.

En estas páginas voy a compartir el conocimiento que me ha hecho comprender la felicidad, ese concepto *a priori* tan abstracto e inalcanzable, de una forma nueva y accesible. Quiero explicártelo de forma sencilla, porque lo complejo no tiene por qué ser incomprensible.

Acercar la neurociencia a la gente no solo es útil, sino muy beneficioso: las explicaciones y los ejercicios que desarrollo aquí buscan desentrañar las relaciones entre el cerebro, la ciencia, la psicología y el alma. Este libro **conjuga la investigación científica con la búsqueda de la felicidad.**

En él comparto lo que he aprendido porque me ha ayudado a vivir mejor en mi día a día. Siempre me consideré una persona excepcionalmente fuerte, alguien que controlaba sus sentimientos, que pensaba que no llorar era lo normal. Durante años asistí a mi propia vida desde la distancia, como quien está sentado en el patio de butacas, lejos del escenario donde se desarrolla la acción real.

En los inicios de mi profesión profundicé en el **autoconocimiento,** y así empecé a ser la protagonista de casi todos los musicales de mi teatro particular. Pasé de apenas sentir emociones a no poder contenerlas; de no llorar a emocionarme por todo; de no pedir, no enfadarme, no molestarme, no enamorarme... a ser arrollada por ese huracán que es la vida.

Aprendí muchísimo de cada una de mis emociones: a canalizarlas, a reconocerlas, a ponerles nombre, a pringarme con los amores, con los conflictos entre amigos, con los reajustes y las negociaciones familiares.

APRENDÍ A VIVIR Y A DESCUBRIR LO QUE QUERÍA.

Llegado el momento, también tuve que aprender qué eran **la paciencia, la serenidad y la calma.** Buscando ese lugar de paz descubrí la meditación, las técnicas de atención plena, la observación y la respiración: todo eso que hoy llaman «mindfulness».

Más tarde la psicología y la psicoterapia me llevaron al tratamiento de niños con autismo, un reto que me supuso aprendizajes y éxitos, que me permitió abrir mi propio centro de tratamiento y crear una fundación... Y que siguió sin eliminar esa sensación de que algo no iba bien.

Para decirlo claramente: **me di cuenta de que estaba sufriendo.** Y volvió la eterna pregunta: ¿por qué? Aparentemente, todo me iba bien. Y, aun así, sufría. Sufría porque no sabía gestionar mi energía, porque no escuchaba a mi cuerpo. Somaticé, tuve crisis de ansiedad y, durante mucho tiempo, lo enterré todo bajo toneladas y toneladas de trabajo duro para compensar con la excelencia lo que no estaba siendo capaz de comprender.

Por el camino, me enamoré perdidamente, me casé, tuve hijos... Emprendí grandes proyectos y seguí adelante sin pararme a tomar aliento. Ahora puedo escribirlo sin llorar, sin sentirme culpable, sin atragantarme…, aunque me hace sentir vulnerable. Da igual quién seas: psicóloga, profesional, madre, emprendedora…

CUALQUIERA PUEDE ROMPERSE SI NO PONE LA RAZÓN AL SERVICIO DE SU CORAZÓN.

Si nos metemos de lleno en el empeño de hacer, hacer, hacer…, podemos llegar a olvidarnos de la importancia de *ser*.

Yo tardé en darme cuenta más de lo que me gustaría admitir, pero, cuando por fin lo hice, tomé dos decisiones: buscar ayuda para regularme químicamente e iniciarme de nuevo en la búsqueda de mi paz interior. Entendí que **en el reconocimiento de tu vulnerabilidad reside tu gran fortaleza.**

Aprendí a aceptar lo que no puedo cambiar o no me gusta, aprendí a no juzgarme y emprendí un camino fascinante para unir mi experiencia en neuropsicología con la experiencia del ser holístico, del silencio, de la pausa, de la escucha desde el corazón.

Hoy diría que estoy bien, pero sigo atenta, porque sé cuál es la piedra que me puede hacer tropezar. Me siento en paz: sé que el dolor está ahí, es inevitable, pero **podemos paliar y eliminar el sufrimiento.** Y aún estoy recorriendo ese camino de felicidad verdadera, viviendo desde la paz, la sintonía y el amor por mí, por todo y por todos.

Mi mente divaga de una manera sana cuando no está atenta, porque ya lo dice la ciencia: **un grado de divagación controlado es saludable para ser feliz.** Estar atento todo el rato es prácticamente imposible. Y, aunque me gusta mucho pensar, he dejado de hacerlo tanto, lo he cambiado por divagar y construir.

Con esta experiencia en la mochila, **quiero hablar contigo**

de la neuroquímica de la felicidad, de la neuroquímica del estrés y del malestar, y, ante todo, quiero ofrecerte claves para abordarlos y transformar tu química cerebral.

Voy a explicarte —porque, aunque creas saberlo, tal vez descubras que no es así— qué es el cerebro, qué es la mente, qué es el sistema nervioso, qué son las neuronas, qué es la neuroquímica, qué es la conciencia y cómo puedes visualizar lo que hay dentro de esa cabeza capaz de afectar a todo tu ser.

¿Es el cerebro tan potente como creemos? ¿Qué hay detrás de la conducta? ¿Estamos determinados o podemos cambiar? ¿Por qué somos como somos? ¿Por qué pensamos lo que pensamos?

¿SE PUEDE SER REALMENTE FELIZ?

Me gustaría enseñarte los fundamentos de neurociencia que hay detrás de nuestros comportamientos y cómo podemos ayudarnos para llegar a lo que todos deseamos: estar bien. **La vida es química y física; es decir, la vida es energía.** Somos moléculas que se relacionan a través de intercambios químicos e impulsos eléctricos: somos agua, somos materia y somos energía.

Nuestras emociones y nuestros deseos son pura química.

Y nuestros pensamientos nacen de la química y la electricidad en un contexto físico. Entonces, ¿qué soy yo? ¿Quién es ese ser que observa, que intuye, que se hace preguntas sobre su existencia, que anhela felicidad?

Es tu conciencia. Vamos a conocerla.

PRIMERA PARTE

NEUROCIENCIA Y CEREBRO

1

EL CEREBRO: USTED ESTÁ AQUÍ

A finales del siglo XVIII surgió la frenología, una pseudociencia que defendía que la forma del cráneo daba información sobre las facultades y rasgos mentales. Aunque perdió relevancia al cabo de pocas décadas y sus conjeturas sobre la inferioridad de ciertas razas no tenían nada de científico, impulsó teorías interesantes, como que el deseo sexual se encontraba en el cerebro.

Aunque las teorías de la frenología se han desestimado, su contribución a la ciencia médica sigue siendo relevante, ya que postuló por primera vez que **el cerebro es el órgano de la mente.** Se empezó a afirmar ya entonces que el cerebro posee un conjunto de facultades que están localizadas en diferentes regiones. Por lo tanto, ciertas áreas cerebrales albergan funciones específicas.

Algunas de estas aportaciones fueron el germen de muchos de los conocimientos que, a principios del siglo XX, desarrolló Santiago Ramón y Cajal, padre de la neurociencia, que recibió el Premio Nobel de Medicina en 1906, junto a Camillo Golgi, por su trabajo sobre la estructura del sistema nervioso.

Cajal vio lo que otros no vieron. Hasta entonces, se pensaba que la estructura de las células nerviosas formaba parte de una única red, pero él creía que había algo más. Su trabajo hizo posible el descubrimiento de la neurona. Ahora sabemos que

el cerebro está compuesto por 86.000 millones de neuronas que se interconectan de una manera espectacular.

NUESTRO CEREBRO ES ELÉCTRICO, QUÍMICO Y ESPECTACULARMENTE PLÁSTICO EN SUS CAPACIDADES Y FUNCIONES.

Sabemos que está dividido en tres grandes bloques:

1. **cerebro reptiliano,**
2. **cerebro emocional y**
3. **cerebro racional.**

El **cerebro primitivo** o reptiliano está compuesto por el tronco encefálico y el hipotálamo, que son los receptores de la primera información sensorial. Es puramente reactivo y se encarga principalmente de nuestra supervivencia. El **cerebro emocional** o límbico procesa las emociones, reacciona a los sucesos internos y externos provocando una emoción. Por último, el **cerebro racional**, la corteza o neocórtex es la parte más desarrollada, la que piensa.

Estas estructuras han ido evolucionando con la especie humana, pero es importante recordar que nuestro cerebro más primitivo, el instintivo, el que vela por nuestra supervivencia, no piensa, solo reacciona. Sigue teniendo la misma estructura que el de nuestros antepasados cuando luchaban contra rivales peligrosos, cuando huían o atacaban para defenderse y evitar la muerte.

Esto da muchas pistas sobre nuestro estrés actual, sobre el motivo por el que seguimos percibiendo algunos peligros y generando nuevos miedos sobre cosas que, objetivamente, sabemos que no nos van a matar. Nuestro cerebro reptiliano no discrimina: reacciona con el fin de protegernos y asegurar nuestra supervivencia. Y si se siente atacado, actúa.

LAS EMOCIONES CONTRA LA RAZÓN

Por suerte, el ser humano cuenta con un filtro, un puente entre la supervivencia (el cerebro primitivo o reptiliano) y la razón (el cerebro racional): **las emociones.** Para ir del instinto a la razón, necesitamos pasar por la emoción. Y esta muchas veces nos asusta, nos parece incontrolable hasta el punto de que preferimos que se acabe, dejar de sentir.

LAS EMOCIONES TOCAN PUNTOS
DE NUESTRO CUERPO MÁS ALLÁ
DEL MECANISMO DE PROTECCIÓN.

La química de la emoción se dispara en el cerebro; en concreto, en el hipotálamo —bloque primitivo— y en el sistema límbico —o bloque emocional—. Entonces el cerebro da la orden a muchos otros órganos para que regulen lo que estamos sintiendo.

Si sentimos miedo, se despliega la adrenalina, el cortisol y otros neuroquímicos que preparan nuestro cuerpo para algo que nos asusta. Entonces se incrementa el ritmo cardiaco, nos sudan las manos, nos cuesta respirar…, toda una reacción bastante incómoda, pero necesaria para evaluar la vida con normalidad.

¿Qué necesitamos para que ese miedo no nos atrape y no sea el dueño único de nuestra conducta? Escuchar al tercer cerebro, necesitamos llegar a él, a la corteza racional, a su área frontal principalmente, que evaluará y decidirá qué hacer. Esta característica es eminentemente humana, y si se nos ha dado esa capacidad es porque podemos usarla. **Podemos utilizar la razón a nuestro favor, para gestionar lo que sentimos, ya sean emociones cómodas o incómodas.** La razón siempre nos ayudará a tomar una decisión desde otro lugar que no sean solo las vísceras o el impulso.

Puede que te estés preguntando si defiendo que la razón es una maravilla y la única virtuosa. Esto es lo que se pensó durante mucho tiempo y aún hoy tenemos esa herencia del racionalismo, de centrarnos en exceso en poner nombre a las emociones, sobre todo a las negativas; de querer «controlarlas», y esto es robotizar algo natural y humano, y considerar negativo algo inherente a nuestro ser. Estamos llenos de amor, tenemos mente y emociones.

La razón llevada a su extremo hace que todo lo centralicemos en el cerebro, en la mente y en el pensamiento, en el lenguaje y en el intelecto.

Somos mucho más que eso, somos cuerpo, somos órganos con inteligencia intrínseca, somos piel, somos sistema nervioso, somos un cuerpo interconectado que funciona de una manera más holística de lo que pensamos; no somos piezas separadas de un instrumento que se unen como un puzle, somos piezas que juntas forman el instrumento y generan la armonía y melodía. Y con esto ¿qué quiero decir?

TODO AFECTA A TODO: LOS PENSAMIENTOS
INFLUYEN EN NUESTRA PIEL, LA ALIMENTACIÓN INFLUYE
EN NUESTROS PENSAMIENTOS, LOS HÁBITOS INFLUYEN EN
NUESTROS RIÑONES... LA SALUD, LAS EMOCIONES
Y LA CONCIENCIA ESTÁN MUY UNIDAS.

Por eso, si nos centramos en el cerebro —el primitivo, el emocional y el racional—, veremos que están íntimamente interconectados, que influyen uno en otro. Un ejemplo es que no solo mi estado físico y mis emociones afectan a mis pensamientos, sino que mis pensamientos pueden afectar mucho a mis emociones y, como consecuencia, a mi estado físico (somatizaciones).

LA CIENCIA DE LAS ONDAS

Las neuronas se comunican entre ellas a través de pequeños impulsos eléctricos que se pueden medir. A esto le llamamos «ondas cerebrales».

Estas ondas tienen diferentes tipos de ritmos. Son cambiantes y **varían según lo que estamos haciendo y sintiendo.** Cuando dominan las ondas cerebrales más lentas, nos sentimos más cansados, lentos o perezosos. Cuando lo hacen las más rápidas, nos ponemos en alerta o incluso ansiosos.

LAS ONDAS CEREBRALES SON UN REFLEJO DIRECTO
DEL SISTEMA NERVIOSO CENTRAL.

Nuestra actividad cerebral y nuestras vivencias son inseparables. Si estamos relajados, tranquilos, optimistas o emocionados positivamente, tenemos una composición de ondas diferente de cuando estamos ansiosos, deprimidos, irritables, impulsivos, con insomnio o con una sensación constante de soledad y abandono.

Si el sistema nervioso central tiene un desequilibrio se podrá observar que estas ondas están alteradas. Esto conlleva malestar e incluso alguna patología que afecta a la calidad de vida.

Las ondas delta (1-3 Hz)

Son las ondas más lentas, es decir, las que tienen mayor amplitud. Son características de cuando el individuo está dormido y predominan durante el sueño.

Se relacionan sobre todo con actividades corporales de las que no somos conscientes, como la regulación del ritmo cardiaco y la digestión. Un nivel adecuado de ondas delta favorece y cuida del sistema inmunitario, de nuestro descanso y de nuestra capacidad para aprender.

También se observan en estados de meditación. La producción del ritmo delta coincide con la regeneración del sistema nervioso central. Con este tipo de ondas tenemos un sueño reparador, muy necesario para el mantenimiento óptimo de nuestras funciones cognitivas (pensamiento, razonamiento, lenguaje, memoria, atención, concentración).

Las ondas theta (3-8 Hz)

Estas predominan cuando los sentidos están procesando información interna y el individuo se encuentra desconectado del mundo exterior, ensimismado. Se presentan también durante la meditación profunda. Son muy importantes en el aprendizaje, para favorecer la memoria. Se producen durante la transición del estado de vigilia al sueño.

Producimos ondas theta en estados de intuición o procesando información inconsciente, por ejemplo traumas, pesadillas y miedos.

Personas con problemas de atención suelen tener un exceso de ondas theta. Sin embargo, un nivel adecuado favorece la creatividad, la conexión emocional e incluso nuestra intuición.

Las ondas alfa (8-13 Hz)

Estas predominan cuando el sistema nervioso central se encuentra en reposo, relajado pero despierto, atento y tranquilo. Sería nuestro estado de calma y serenidad.

Si hay déficit de ondas alfa, el individuo tiene dificultad para relajarse.

Con dominio de las ondas alfa, diríamos que el celebro está en ralentí, relajado, en reposo, pero a la vez listo para la acción si fuera necesario. Esta frecuencia ayuda a la coordinación mental, a la integración mente-cuerpo, a la calma y respuesta atenta.

También es una frecuencia que el cerebro utiliza como una gratificación después de un trabajo bien hecho; se observan señales de incremento de ondas alfa cuando sentimos que hemos realizado adecuadamente nuestras tareas. En definitiva, se activan con la recompensa interna.

Sería algo así como una autogratificación, que viene de dentro, que nos da placer y relaja al cerebro para prepararlo para la siguiente tarea.

Las ondas beta (12-33 Hz)

Estas predominan durante el periodo de vigilia.

Aparecen en los estados en que la atención está dirigida a tareas cognitivas externas, que se relacionan con esas actividades cotidianas que nos exigen concentración, cuando nos mantenemos alerta porque necesitamos estar pendientes de múltiples estímulos.

La frecuencia es rápida cuando estamos envueltos en la resolución de problemas cotidianos; también durante la toma de decisiones o cuando estamos concentrados.

Hay ondas beta:

- Cuando el sistema nervioso central se encuentra comprometido en una tarea.
- Cuando el sistema nervioso central se encuentra concentrado en cogniciones altamente complejas, o integrando nuevas experiencias y aprendizajes que requieren nuestra atención y concentración además de capacidad de resolución y memoria.
- También en un estado de excitación, como sería el caso de personas que padecen ansiedad generalizada.

Un exceso de ondas beta consume mucha energía y una sobreactivación neuronal que puede derivar en un estado de ansiedad o estrés capaz de perjudicarnos.

Por otro lado, un nivel bajo de ondas beta nos conduciría a un estado demasiado relajado, laxo o incluso depresivo. Un nivel óptimo de estas ondas nos ayuda a estar mucho más receptivos, enfocados a mejorar nuestra capacidad para resolver problemas.

Las ondas gamma (25-100 Hz)

Son las ondas rápidas. Están relacionadas con diferentes procesos de información simultánea en varias áreas del sistema nervioso central.

Aparecen cuando el cerebro está en estado de alta resolución, resolviendo un problema de matemáticas o un jeroglífico, y está concentrado en esa tarea a un nivel meditativo. También se observan en estados de espiritualidad, sensación de altruismo o amor universal en su mayor grado de expresión.

Las ondas gamma modulan las percepciones y la consciencia.

Aún se están descubriendo más datos sobre ellas, porque hasta no hace mucho apenas se sabía demasiado.

Los estados de felicidad evidencian también picos elevados en este tipo de onda.

LA ACTITUD Y LOS HÁBITOS

Podemos alegrarnos de tener opciones para sentirnos mejor y alcanzar esa felicidad que definimos como vivir en un estado de calma, serenidad, con el estrés minimizado, en consonancia con nuestros valores.

La ciencia nos ha enseñado que, en lo referente al cerebro y las emociones, todo es cuestión de actitud, de entrenamiento, de hábitos. Se habla mucho de cambiar hábitos alimenticios y de cuidado físico. ¿Por qué no adentrarnos en el cuidado emocional y mental? Los efectos y beneficios se desplegarán por todo nuestro cuerpo para encontrar ese bienestar y esa felicidad deseados.

Para ello, vamos a familiarizarnos con **la epigenética.** Fue una revolución cuando quedó demostrado que cambiando nuestras actitudes y hábitos se cambia la composición de nuestro ADN, y que ese salto queda para nuestra descendencia. Todo aquello que deseamos cambiar, gracias al poder del hábito, la actitud y el entrenamiento, podremos modificarlo. Esto nos da una dimensión maravillosa de poder mejorar siempre, de poder cuidarnos y querernos como objetivos del amor por nosotros mismos, que es el amor más importante que puede existir y desde el que se despliega todo lo demás.

Para cambiar los hábitos hay que conocer las creencias que nos limitan, hay que tener siempre presente que no todo lo que crees es lo que es.

HAY QUE DETECTAR SI TENEMOS CREENCIAS LIMITANTES Y CUÁLES SON.

Esto solo se consigue con un ejercicio principal, que es tropezar muchas veces con la misma piedra: para qué me está sucediendo esto y qué estoy aprendiendo de ello. Ser consciente de algo ya es más de la mitad del trabajo para desactivar una creencia limitante.

Una vez que somos conscientes de que algo se nos resiste, si queremos vencer esa resistencia porque sentimos que detrás hay un crecimiento, tenemos que trabajar. En cuanto te escuches a ti mismo, tu corazón va a conectar con ese anhelo y se va a poner en modo «disponible».

Para que este proceso de conexión con uno mismo se dé, es necesario acudir al **silencio que nace de la respiración,** de estar aquí y ahora, de reducir ese estado de alerta ante nuestros miedos. Esa conexión, silenciar la mente —que no significa poner la mente en blanco—, supone observar con atención y dejar que los pensamientos fluyan sin engancharse a ellos: se consigue con la atención plena y la respiración.

UNO VIVE COMO RESPIRA
Y RESPIRA COMO PIENSA.

La respiración está íntimamente relacionada con los pensamientos: la cantidad y la velocidad a la que nos asedian, y su nivel de depuración. La respiración es necesaria para silenciar y regular las ondas eléctricas cerebrales y convertirlas en alfa en zonas de nuestra anatomía que nos serán de gran ayuda para llegar a un estado de atención y tranquilidad.

Dime cómo hablas y te diré cómo está tu pensamiento. Modulando nuestro lenguaje podemos cambiar la estructura de nuestro pensamiento.

MEDITACIÓN Y RESPIRACIÓN

Por medio de la respiración podemos conseguir que nuestras ondas cerebrales pasen de un estado muy activado (**ondas beta**) a uno más relajado (**ondas alfa**).

Vamos allá:

- Apártate a un lugar donde estés cómodo, libre de ruidos en la medida de lo posible, y donde sepas que no te van a molestar.
- Siéntate en una postura confortable. ¡O túmbate si te apetece!

31

- Respira hondo. Deja que tu respiración se vuelva suave y profunda.
- Hazte consciente de cómo entra y sale el aire de tu pecho.
- Si te ayuda, puedes colocar una mano sobre tu abdomen para percibir mejor la forma en que se mueve tu diafragma al inspirar y espirar.
- La calma viene en la espiración; por eso antes de coger aire asegúrate de soltarlo lentamente y vaciarte.

Hay una respiración de rescate que llamamos «ansiolítica» o **«suspiro terapéutico»**. Se puede hacer en cualquier momento y en situaciones de malestar. Consiste en coger el aire en dos tiempos como si suspirases y luego soltarlo lentamente. Puedes hacerlo un par de veces, es realmente reparador.

Al seguir estos pasos, estás moviendo tu cerebro hacia el terreno de las ondas alfa. El estado de tu respiración determina la actividad de tus ondas cerebrales: esto no es una percepción personal, ¡está demostrado por la neurociencia! Tal como respiras, así percibe tu cerebro la vida: así de peligrosa, así de superficial, así de distractora... A veces incluso dejamos de respirar momentáneamente, sin darnos cuenta, y luego aspiramos aire de forma brusca: hiperventilamos y llegamos a pensar «Estoy como un poco ansioso». ¡Pues claro!

Si no bajamos esas ondas y nos movemos hacia un estado de calma, todo lo que nos pase va a sacar nuestro lado reactivo. En resumidas cuentas, irás por la vida apagando fuegos, reaccionando, reaccionando. Lo que queremos es que el corazón nos ayude a responder con responsabilidad, coger este amor, esta amabilidad pura que el corazón nos ha dado.

Poco a poco empezarán a actuar como señales de protección frente a todos esos pensamientos tóxicos que te descentran en tu día a día.

Ahora bien, **sé paciente contigo mismo:** el primer día te asaltarán cientos de pensamientos sin invitación. Es normal: no estás acostumbrado a silenciar la mente. Tu cerebro está muy acostumbrado a distraerse, no puede estar atento mucho tiempo, siempre se le cuelan cosas. Este **es un trabajo de auténtico entrenamiento,** de atleta.

Con el paso de los días irás notando que, al sumergirte en el ejercicio, ya no acuden a tu mente tantos pensamientos indeseados ni tanta inseguridad.

Al tiempo que entrenas la respiración, puedes empezar a trabajar para **reescribir tu historia.** Lo que quieres, lo que visualizas, ¿dónde estás?, ¿dónde te ves? **Al cerebro hay que darle instrucciones claras.**

Si aún no conoces la respuesta a esas preguntas, entonces apela a la inteligencia del corazón y orienta tus meditaciones a abrirlo para encontrar el camino a seguir.

Repite este mensaje: **«Ábrete, corazón. Silénciate, cálmate, únete a mi razón para ver cuál es el camino a seguir».** Acompáñalo con la respiración, porque recuerda: «Vives como respiras».

Los psicólogos insistimos mucho en la idea de ser positivo. No quiere decir que obviemos la realidad, seamos unos inconscientes o distorsionemos los hechos con creencias ingenuas: **se trata de apostar siempre por aplicar la amabilidad. Eso también se entrena.**

Si afrontas el día a día con ira y rabia, hacia ti y hacia los demás, lo que tu corazón está mandando al cerebro es eso mismo. Te estás haciendo daño. Daño real, quiero decir: se ha comprobado que si mantenemos emociones contractivas, como esas que hemos señalado, el corazón se encoge: se trata del síndrome del corazón roto, tal como lo lees.

Hazte las siguientes preguntas: ¿quiero llevarme mal con la gente?, ¿necesito tener la razón siempre?, ¿merece la pena discutir en este momento? Si has contestado que sí a la mayoría de ellas, saca esa ira y esa rabia, pero sácala bien dirigida, de forma que te sea de ayuda, no contra los demás, porque somos seres sociales y necesitamos establecer buenas relaciones. Necesitamos un buen contacto para ser felices y desarrollar la oxitocina y complementar toda la neuroquímica de cara a nuestra felicidad.

No podemos estar en discordia perpetua con el mundo porque no es nuestra naturaleza, no hemos nacido así.

HEMOS NACIDO PARA ESTAR EN SINTONÍA
CON LOS DEMÁS Y CON NOSOTROS MISMOS.

Como veremos más adelante, la oxitocina juega un papel fundamental, y será importante aprender a generarla: gracias a ella podemos vincularnos y ser generosos, empáticos y altruistas. La necesitamos para sentirnos bien.

No conozco a nadie que quiera sentirse mal; sí conozco a gente que no sabe cómo evitarlo, pero a nadie que lo elija de una forma activa. Estar en sintonía con los demás, sentirnos apoyados por otros, contribuye a esa sensación de bienestar.

Pensemos, por ejemplo, en una pareja: cuando dos personas se comprenden, sus corazones empiezan a latir a la par. Esto no es una cursilada que me invento, se ha comprobado en diversas investigaciones. Cuando dos corazones tienen empatía, sienten compasión mutua, se unifican también sus ondas cerebrales. Parece increíble, pero es cierto. Pasa lo mismo cuando dos personas meditan juntas: su campo electromagnético —su vibración— se coordina.

¿Qué pasa al final de este proceso? Que apelamos a nuestro corazón para desarrollar las emociones evolucionadas: más allá del sentimiento de enamoramiento está el amor, que implica una decisión; más allá del entusiasmo y del optimismo está la felicidad, que también es una decisión; más allá de la tristeza está la compasión.

Lo primero es saber qué nos limita; lo segundo, saber qué deseamos, dónde nos gustaría estar, dónde sentimos que somos nosotros mismos, que podemos aportar lo mejor de nosotros. Una vez ahí, el cerebro actúa desde la reflexión, que es lo que buscamos, y no desde la reacción, que es lo que veníamos haciendo y la razón por la que tropezábamos una y otra vez con los mismos obstáculos.

HÁBLALE AL CEREBRO. FUNCIONA POR CONEXIONES Y ESTAS SE PRODUCEN POR LA PRÁCTICA. LO QUE NO SE PRACTICA DESAPARECE; LO QUE SE PRACTICA SE REFUERZA.

Es sencillo saber cómo debemos hablarle a nuestro cerebro para que nos ayude: **le tenemos que decir claramente lo que queremos.**

El cerebro es muy potente, nos va a llevar adonde queramos, pero él no va a decidir por nosotros. No debe hacerlo, porque si le dejas, ya te digo yo que es la loca de la casa y te llevará por los derroteros inconscientes del pensamiento errante: en serio, no quieres eso. Además, intentará ir a buscar allá donde haya peligro porque su misión innata, si no tiene otra directriz, es salvarte.

35

El cerebro necesita de voluntad y de una actividad meta-cognitiva para guiar su ejecución. En él conviven la parte que piensa, que toma decisiones (guiadas o propias), con la parte inconsciente (subcortical pero llena de experiencias y recuerdos), en la que hay muchos miedos. También vive ahí esa otra parte que define quiénes somos y cómo estamos: la ínsula y la corteza cintilada, y la amígdala, donde residen las emociones de alerta y miedo en un estado más animal y primitivo.

Cuando nos estresamos, sentimos miedo, agobio, ansiedad. Nuestra amígdala se activa más de lo normal y se inflama; esto hace que comprima zonas que están al lado, como la ínsula, que se encarga de saber cómo estoy y detectar bien las señales que emite mi cuerpo. La amígdala también comprime el hipocampo, que es el encargado de decir si esta experiencia que estoy teniendo la tengo registrada como peligrosa o no, o si tengo estrategias para abordarla. Cuando la amígdala sufre esa inflamación que supone el estrés, se ve bloqueada en parte y no suele atinar a encontrar referencias que nos orienten; por lo tanto, la corteza cingulada, que va a conectarse con la corteza prefrontal, no puede enviar una información correcta, lo que hace que no podamos tomar decisiones racionales, o bien que reaccionemos desde la excesiva emoción, invadidos por un secuestro amigdalino, como señaló hace años mi admirado Daniel Goleman.

SI DEJAMOS AL CEREBRO A SU LIBRE ALBEDRÍO,
SENCILLAMENTE NO SABRÁ QUÉ HACER,
SERÁ COMO UN ORDENADOR SIN PROGRAMAS.

Le tenemos que decir exactamente la ruta que queremos seguir. Tenemos que darle una guía de acción, **en presente,**

en afirmativo y a ser posible en primera persona. A partir de ahí, hay que verbalizarlo. Incluso escribirlo: redactar la manera exacta de transformar nuestros pensamientos y rutas cerebrales y llevarlas poco a poco a la acción. Por ejemplo: «Me convierto en una gran pianista».

Nos cuesta demasiado olvidar esa creencia ancestral grabada en nuestra cabeza que nos dice que no podemos. Esta creencia entra en conflicto con tu deseo, porque tú te quieres desarrollar como pianista. Es necesario saber que **el cerebro no olvida, pero sí reescribe:** genera nuevas rutas, nuevas conexiones, y esto lo hace siguiendo unas pautas simples:

1. **Consciencia.** Hazte consciente de lo que quieres.
2. **Práctica.** Empieza a hacerlo.
3. **Repetición.** Sigue intentándolo, no desistas.
4. **Hábito.** La repetición, con el tiempo, te llevará a crear una costumbre, y habrás conseguido lo que te proponías.

Cuando hayas instaurado una nueva creencia elegida, aunque encuentres una nueva piedra de esas que antes te hacían tropezar, sabrás cómo esquivarla. En lugar de dejarte llevar por la inercia del «Yo con esto no puedo», al haber ensayado la ruta desafiante y nueva, el cerebro tendrá alternativas. Si lo convences de «Yo me convierto en una gran pianista sí o sí», irá por ahí.

Es entrenamiento porque el cerebro no es un músculo, pero sí funciona como tal, con la premisa de que, si no hay ningún daño que lo impida, que es en la mayoría de los casos, funciona a base de práctica.

Necesitamos muchas rutas, y necesitamos tener una autopista grande y sólida para que, cuando nos encontremos con que empiezan a aparecer señales que antes no veíamos, vendrá la fisiología y la anatomía del cerebro a ayudarnos a verlas. Esto es así por el entrenamiento para poner el foco de atención en lo que nos interesa. Es lo que se denomina «sistema de atención reticular ascendente». Al final solamente vas a ver pianos, pianistas, partituras, conciertos, y llegarás a tu objetivo.

Lo importante es que siempre haya un diálogo interno entre corazón y razón para saber que la ruta que estás tomando para ser una gran pianista, que es tu gran deseo, es la que te hace feliz, porque imagina por un momento que a mitad de camino descubres que no es lo que imaginabas o deseabas. O que has conocido al hombre de tu vida y quieres cambiar tu ruta. Es muy importante realizar los dos trabajos: el de focalizar hacia dónde nos orientamos haciendo rutas cerebrales fuertes y, a la vez, estar atentos a la comunicación que siempre hay entre corazón y razón, saber en cada momento si donde estoy es donde quiero estar y a donde voy es hacia donde quiero ir.

PON LA RAZÓN AL SERVICIO DE TU CORAZÓN.

RAZÓN Y CORAZÓN

La corteza es la parte más evolucionada del cerebro. Es la que tiene lo que los psicólogos y neuropsicólogos llamamos las «funciones cognitivas superiores». Es la que piensa, razona, asocia, toma decisiones, la que tiene memoria. Esta zona es la última a donde llega la información, y también donde se elabora la música, por ejemplo.

La música no la escuchamos en el oído, por así decirlo. Por ahí entra un estímulo, ese estímulo va hasta el tronco encefálico, después a la zona del hipocampo —que es la memoria— y la amígdala —que es la zona emocional—, y allí se mezcla. Nos trae recuerdos: «Ah, sí, es Beethoven». Después llega a la zona donde empieza el «Uy, qué mal rollo, ese día me dejó mi novio», que es la orbitofrontal (en la frente): ahí es donde pensamos de más y se produce la crisis de ansiedad.

Pero podemos decidir qué hacemos con esa transmisión. Podemos decir: «Mira, lo siento, a la papelera de reciclaje», o, por el contrario: «Voy a poner el CD y a llorar un poco». Tomamos decisiones. Vamos a diseccionar el cerebro para entenderlas.

Hasta ahora hemos visto nuestra primera área —el cerebro reptiliano, primitivo, instintivo—, la que nos permite sobrevivir. Está hecha para reaccionar a tope a lo primero que entra, a todos los *inputs* sensoriales; aquí entra todo lo que tú sientes. Luego hemos pasado a una segunda área, la amígdala, que es el centro emocional primitivo: ira, miedo, tristeza, alegría… Ambas son zonas emocionales reactivas que no dejan de ser bastante primitivas, muy similares a las de los animales. Son zonas de cierta defensa, pero más humanizadas, que reaccionan para darte información de lo que está pasando fuera.

Pero ¿qué ocurre más allá de esas zonas de nuestro cerebro? Todo lo que llega hasta este punto, todo lo que imaginas, pasa a ser racionalizado. No obstante, cuando Descartes dijo aquello de «Pienso, luego existo», se olvidó de decir que también «Siento, luego existo». Cuando dividimos mente y cuerpo asumiendo que el gran poder del ser humano está en su cerebro, nos olvidamos de una parte fundamental de nosotros mismos. Porque sí, **el cerebro** —fijaos que lo digo yo, que soy doctora en Neurociencia— **es potentísimo, pero para nada es el rey de la comedia.**

LA REESCRITURA CEREBRAL

Vamos a probar a reescribirnos.

Imagínate que estás pensando: «Si salgo a la calle, me va a pillar un coche». En ese pensamiento se proyectan tus miedos: no puedo, no sé lo suficiente, no valgo. Son creencias limitantes.

Vamos a cambiarlas, ¡porque puedes hacerlo!

Aunque digas «No me lo creo ni yo», ¡da igual! Ahí está el truco: **el cerebro no sabe si es verdad o no.** El cerebro solo necesita que tú le grabes una orden, que le aportes datos, un programa, porque eso es el cerebro, una computadora perfecta. Así que **vas a decirle: «Estoy seguro, voy para adelante».**

El primer día no verás ningún resultado. El segundo día probablemente tampoco. **La voluntad de cambiar tiene que nacer de una decisión,** y esa decisión no solamente nace de la necesidad de tu corazón, aunque también, porque es un corazón que anhela, un corazón en crisis, un corazón que no está comunicándose bien con la razón.

Hace ya mucho tiempo que nos dimos cuenta de que en nuestro bienestar intervienen muchos órganos. Ahora se habla mucho del corazón y del intestino, pero hay muchos más. De momento, me gustaría destacar esta frase:

«EL CORAZÓN TIENE RAZONES
QUE LA RAZÓN NO CONOCE».

Ese es el famoso impulso de la intuición que muchas veces, por tener tanto ruido mental, se desconecta de la verdadera esencia de uno. No digo yo que de vez en cuando no vayamos al patio del recreo a hacer lo que nos dé la gana. Pero cuando salgamos a ese patio a esparcirnos un poco, tenemos que hacerlo de forma consciente: si no, habremos vuelto a perder el control.

Una parte esencial de esto es la comunicación entre la razón y el corazón. Hoy sabemos que **el corazón tiene más de 40.000 neuronas.** Son células inteligentes que se comunican y se transmiten información. Pensad que el campo electromagnético del corazón, el que mueve toda nuestra energía interna, es 50.000 veces mayor que el del cerebro. Así que, hablando claro, ¿quién está realmente al mando?

Y he aquí el quid de la cuestión:

LA COMUNICACIÓN DIRECTA DEL CORAZÓN
CON EL CEREBRO ES ENDOCRINA:
SE PRODUCE MEDIANTE HORMONAS.

En otras palabras, **las hormonas actúan como transmisoras de esas señales.** Son las famosas crisis existenciales. En lugar de escuchar al corazón, se nos ha educado en que hagamos caso al cerebro. ¿Por qué?

Tienes que bajarte de la rueda de hámster mental, de esa rumiación, de bajar el volumen a esa radio-mente, de dejar de marear la perdiz... y deslizarte por el tronco encefálico hasta el corazón. **Ponte la mano en el corazón y pregúntate: «Yo ¿qué quiero?».** Esa es la pregunta.

Es importante bajar las revoluciones, reducir el impulso, el entusiasmo, la euforia, la adrenalina. Porque el corazón no te puede hablar cuando no hay serenidad. Por eso es importante que cultivemos la serenidad.

Para estar tranquilo, el cerebro necesita coherencia; cuando no la hay, aparece el estrés. Nuestro cerebro se dedica a buscar razones para todo, y estas pueden ser acertadas y ayudarnos, o ser muy desafortunadas y obstaculizarnos. Pero si solo usas el cerebro, al final no dejarás de hacer listas de aspectos a favor y en contra, en desconexión con el resto de tu inteligencia.

PARA ANALIZAR UNA DECISIÓN ÍNTIMA Y PROFUNDA, LA RAZÓN NECESITA PONER TODO TU CUERPO A TU SERVICIO: UNIR RAZÓN Y CORAZÓN.

¿Por qué los listados de pros y contras muchas veces no funcionan? Porque nacen de la razón. No está mal que los hagas, pero debes preguntarte qué te dice tu corazón.

Escucha a tu corazón, busca esas ondas alfa de las que hemos hablado, encuentra el silencio, respira y medita. No hay otro secreto que encontrar esta inteligencia cardiaca para unir razón y corazón.

2

EL MAPA DEL CEREBRO

El cerebro es el ordenador central de nuestro cuerpo donde toda la información que tenemos del exterior y del interior se cocina a fuego rápido para tomar decisiones racionales y dar la orden de ejecutarlas. Esa comunicación se produce a través del sistema nervioso, que se encarga de preservar la vida, el razonamiento, la visión, los sentidos, el lenguaje y la producción de emociones.

El sistema nervioso es un complejo conjunto de neuronas y células encargadas de dirigir, supervisar y controlar todas nuestras funciones y actividades. Imagínatelo como **un sistema que recorre todo el cuerpo, creando conexiones desde la punta de los dedos de tus pies y manos hasta la parte más interna de tus órganos, tu cerebro y tu corazón.**

Cualquier proceso interno es posible gracias a este conjunto interconectado de neuronas que permite que un recipiente de células, como somos los humanos (y cualquier otro ser vivo), dé lugar a un organismo complejo capaz de relacionarse tanto con el medio como consigo mismo. Por lo tanto, vela por nuestro equilibrio de manera automática. Vela por los ciclos de sueño y vigilia, el hambre, la respiración automatizada, el funcionamiento de órganos y vísceras, etcétera.

La neurociencia es la rama de la medicina que estudia el sistema nervioso y el cerebro desde un punto de vista tanto biológico como químico. Es la encargada de revelar los secretos del cerebro y de los demás componentes del sistema nervioso. Su finalidad es comprender el comportamiento humano.

En primer lugar, veamos dos divisiones generales del cerebro:

- La **división estructural** se fija en las partes que podríamos tocar si lo tuviéramos en nuestras manos y en las que podríamos ver al microscopio. ¿Qué es estructural? La neurona, los lóbulos, los hemisferios, el cerebelo, el cuerpo calloso, el tronco encefálico, el hipocampo, la ínsula, la amígdala, la glándula pituitaria, el tálamo y el hipotálamo.
- La **división funcional** tiene en cuenta que las áreas y estructuras cerebrales trabajan con cierta especialización. El cerebro funciona sobre todo mediante conexiones entre sus partes, y esto le dota de mucha plasticidad funcional.

La teoría vigente defiende que **la estructura del cerebro es plástica, es decir, moldeable y muy adaptativa, sobre todo mientras está en desarrollo.** También asegura que tenemos neuronas que mueren y nacen continuamente, y que ejercitar áreas de nuestro cerebro a través de nuestro cuerpo y nuestros hábitos mentales propicia una reserva de neuronas y de conexiones, la famosa reserva cognitiva.

Además, el cerebro funciona por especialización de partes o áreas, pero sobre todo mediante la conexión entre ellas. ¡Esto nos da una dimensión maravillosa para explorar qué podemos hacer para favorecer esas conexiones en nuestro cerebro, y es mucho!

Como ya sabrás, nuestro cerebro se divide en dos hemisferios —izquierdo y derecho— unidos por un puente —el cuerpo calloso— que permite que la información circule de un lado a otro.

Cada uno de esos hemisferios controla un lado de nuestro cuerpo. **El hemisferio derecho tiene el control motor de la zona izquierda del cuerpo; el hemisferio izquierdo, el de la zona derecha.** Es decir, cada uno controla la parte contraria.

Durante mucho tiempo se pensó que el cerebro funcionaba solo por áreas muy localizadas que definían nuestra personalidad y conducta. Con el tiempo esa idea se descartó, pero se mantuvo la terapia de localización de áreas cerebrales para funciones superiores y se dividió en lóbulos: porciones especializadas en el control de diferentes funciones. Están localizados en los laterales del cerebro y son cuatro: occipital, parietal, temporal y frontal.

El lóbulo **occipital** es el área de la integración visual.

El lóbulo **parietal** es el área asociativa donde se representa todo el cuerpo y sus zonas, donde se siente realmente el tacto.

El lóbulo **temporal** está principalmente relacionado con la memoria (aunque esto es muy reduccionista).

El lóbulo **frontal** es exclusivo del ser humano por su desarrollo de la capacidad metarrepresentacional de la vida, de pensar en el futuro, de imaginar proyectando, de retener los pensamientos y rumiarlos, de tomar decisiones y adaptarnos al cambio.

Pero nuestra poderosa máquina, además de funcionar por áreas especializadas, también lo hace mediante conexiones entre sus células más preciadas: las neuronas. No todo lo que hacen las neuronas es responsabilidad de ellas, no son un elemento aislado de nuestro ser; al contrario, nosotros somos los responsables de ayudar a que funcionen y a que generen conexiones saludables para nuestra vida.

En este capítulo vamos a hablar de varias estructuras cerebrales que intervienen en ese concepto de quién eres, en esa sensación de ser o no consciente de algo, en tus recuerdos emocionales, y en el poder que tienes de reprogramar estas estructuras mediante tus acciones, tus pensamientos y tu uso del lenguaje.

¿DE QUÉ LADO ESTÁS?

Hace muchos años se describió que era posible definir los rasgos de la personalidad, las habilidades o, en general, los rasgos del carácter en función de su especialidad hemisférica cerebral.

Y ¿cómo podemos saber cuál es nuestro lado predominante? Muy sencillo: en función de la lateralidad, es decir, de si eres muy zurdo o diestro, moderadamente zurdo o diestro, o muy poco zurdo o diestro.

Esto se mide con una prueba de psicología, pero tú mismo puedes hacer un *screening*, un chequeo sencillo para ver cuánto usas un lado del cuerpo con respecto al otro. No vale limitarlo solo a cuál es tu mano predominante; prueba el pie también, el ojo (guiña los dos para ver cuál cierras con menor esfuerzo), o hacia qué lado te resulta más fácil inclinar la cabeza.

LOS HEMISFERIOS CEREBRALES

Estas dos mitades están separadas por una cisura sagital profunda que atraviesa la línea media del cerebro. Conocida como «cisura interhemisférica o longitudinal», permite establecer la diferencia anatómica de ambos hemisferios.

La cisura interhemisférica contiene un pliegue de la dura-madre y las arterias cerebrales anteriores. En su región más profunda se halla el cuerpo calloso, una comisura formada por un conglomerado de fibras nerviosas blancas. La función del cuerpo calloso consiste en conectar ambos hemisferios cruzando la línea media y transfiriendo información de un lado a otro. De este modo, el hemisferio izquierdo funciona de forma conjunta con el derecho, brindando así una actividad cerebral integral.

Los dos hemisferios son muy parecidos. Anatómicamente no son simétricos, pero sí muy semejantes. Cada uno engloba una parte proporcional de las estructuras del cerebro. Por ejemplo, el lóbulo frontal se divide en dos regiones: la mitad se ubica en el hemisferio derecho y la otra mitad en el hemisferio izquierdo. Pero cada hemisferio presenta características y propiedades funcionales distintas.

Es como si cada estructura de la corteza adoptara un funcionamiento diferente dependiendo del hemisferio en el que se ubica. Mientras el hemisferio izquierdo es considerado verbal, analítico, aritmético y detallista, el hemisferio derecho es considerado no verbal, musical, sintético y holístico.

El hemisferio derecho

Sus características principales se resumen en:

- **No verbal.** Normalmente no participa en el desempeño de actividades verbales como el habla, el lenguaje, la lectura y la escritura. El hemisferio derecho se considera una estructura visoespacial, donde las principales funciones guardan relación con el análisis y el razonamiento sobre elementos visuales y espaciales.

- **Musical.** El hemisferio derecho adopta un papel protagonista en el desarrollo de actividades relacionadas con la música. El aprendizaje que supone tocar un instrumento, por ejemplo, se realiza principalmente en este hemisferio.

- **Sintético.** A diferencia del izquierdo, el hemisferio derecho no presenta un funcionamiento analítico, sino que realiza una actividad sintética. El hemisferio derecho permite postular hipótesis e ideas con el fin de que estas sean contrastadas, aunque la generación de pensamientos no tiene por qué estar siempre sujeta a análisis detallados o pruebas de veracidad.

- **Holístico.** El funcionamiento del hemisferio derecho tiene una metodología que analiza los elementos a través de métodos integrados y globales. Los pensamientos generados en este hemisferio derecho no se limitan al análisis de las partes que componen los elementos, sino que permiten adoptar una visión más amplia y generalizada. Por este motivo, es una estructura muy involucrada en los procesos de pensamiento artísticos, creativos e innovadores.

- **Geométrico-espacial.** La capacidad cognitiva que más destaca en el hemisferio derecho tiene que ver con las habilidades espaciales y geométricas. Se considera el receptor e identificador de la orientación espacial, la ordenación del espacio, la generación de imágenes mentales o la construcción geométrica. Permite desarrollar la percepción del mundo en términos de color, forma y ubicación. Gracias a sus funciones, somos capaces de situarnos, orientarnos, identificar objetos y rostros de personas conocidas.

Pero ¿cuáles son las funciones que desempeña? El hemisferio derecho es capaz de **concebir las situaciones y las estrategias del pensamiento de una forma integrada.** Engloba diferentes tipos de información (imágenes, sonidos, olores) y los transmite como un todo. De forma concreta, el lóbulo frontal y el temporal del hemisferio derecho se encargan de realizar actividades especializadas no verbales. En cambio, los otros dos lóbulos (el parietal y el occipital) parecen tener menos funciones en este hemisferio.

Asimismo, se encarga de elaborar y procesar los estímulos que recibe el lado izquierdo de nuestro organismo. Por ejemplo, **la información captada por el ojo izquierdo es procesada por el hemisferio derecho,** mientras que los estímulos captados por el ojo derecho son procesados por el hemisferio izquierdo.

Este hemisferio **desempeña un papel especialmente relevante en la elaboración de sentimientos, prosodia y habilidades especiales como las visuales o las sonoras.**

El hemisferio izquierdo

Al contrario que el anterior, las características que definen al hemisferio izquierdo son estas:

- **Verbal.** El hemisferio izquierdo utiliza palabras para nombrar, describir y definir los elementos interiores y exteriores. Adopta un papel protagonista en el desempeño de actividades relacionadas con el lenguaje y la memoria verbal.
- **Simbólico.** Aparte del lenguaje, emplea los símbolos para la representación de los objetos externos. Por

ejemplo, el signo + representa el proceso de adición, y el signo − el proceso de resta. La asociación entre estos símbolos y sus significados son actividades que desempeña el hemisferio cerebral izquierdo.

- **Analítico.** Este hemisferio estudia los elementos paso a paso y parte a parte. Utiliza métodos racionales inductivos, y permite el desarrollo del pensamiento analítico y descriptivo de las personas.

- **Detallista.** El hemisferio izquierdo adopta también un papel protagonista en el análisis objetivo de los elementos. Permite realizar observaciones específicas y desarrolla el pensamiento concreto.

- **Abstracto.** El funcionamiento del hemisferio izquierdo se caracteriza por tomar un pequeño fragmento de información y emplearla para representar el todo. Adopta un carácter analítico que permite ir de lo más concreto a lo más general.

- **Temporal.** Este hemisferio también se encarga de seguir el paso del tiempo. Ordena los hechos en secuencias temporales y situacionales. Analiza los elementos empezando por el principio y adopta un funcionamiento organizado y secuencial.

- **Racional.** Ante todo, el hemisferio izquierdo se caracteriza por brindar un pensamiento racional. Permite obtener conclusiones basadas en la razón y los datos examinados.

- **Digital.** También utiliza los números. Adopta un papel activo en la actividad de contar.

- **Lógico.** Las conclusiones extraídas por el hemisferio izquierdo están siempre basadas en la lógica: una cosa sigue a otra en un orden justificado. Por ejemplo, los problemas matemáticos o los argumentos razonados son actividades que definen bien el funcionamiento de este hemisferio cerebral.

- **Lineal.** Finalmente, el hemisferio izquierdo se caracteriza por pensar en términos de ideas encadenadas. La elaboración de un pensamiento sigue a otro, por lo que se suelen generar conclusiones convergentes.

Por todo esto, entre las funciones que desempeña este hemisferio están el habla, la escritura, la lógica y la matemática. El hemisferio cerebral izquierdo **conforma la región motriz que es capaz de reconocer grupos de letras que forman palabras, así como grupos de palabras que forman frases.** De este modo, desempeña actividades relacionadas con el habla, la escritura, la numeración, las matemáticas y la lógica, motivo por el cual se le llama «hemisferio verbal».

Por otro lado, se encarga de desarrollar las facultades necesarias para transformar un conjunto de informaciones en palabras, gestos y pensamientos. En este sentido, el neurólogo John Hughlings Jackson describió el hemisferio izquierdo como el centro de la facultad de expresión.

Es el que se encarga de almacenar conceptos que después se traducen en palabras. Es decir, no funciona como una memoria textual, ya que permite aportar significado a los elementos de expresión: **comprende las ideas y los conceptos, los almacena en un lenguaje no verbal y, posteriormente, traduce dichos elementos en un lenguaje o idioma determinado.**

De forma más concreta, el hemisferio izquierdo se especializa en el lenguaje articulado, el control motor del aparato fonoarticulador, el manejo de información lógica, pensamiento proporcional, procesamiento de información en serie y manejo de la información matemática.

Asimismo, desempeña un papel principal en la memoria

verbal, los aspectos gramaticales del lenguaje, la organización de la sintaxis, la discriminación fonética, la atención focalizada, la planificación, la toma de decisiones, el control del tiempo, la ejecución y la memoria a largo plazo, entre otros.

Precisamente por todo esto, **las pruebas de rendimiento intelectual evalúan principalmente el funcionamiento de este hemisferio** y examinan menos el rendimiento del hemisferio cerebral derecho. De ahí que la medida de inteligencia que se realiza actualmente para obtener un cociente intelectual sea la inteligencia racional, que deja a un lado las otras inteligencias, como la emocional o la espiritual.

Relación entre hemisferios

A pesar de que el hemisferio izquierdo realiza una serie de funciones determinadas, esto no quiere decir que lo haga por sí solo.

AMBOS HEMISFERIOS PUEDEN
PARTICIPAR DE FORMA CONJUNTA
EN LA REALIZACIÓN DE TODAS
LAS ACTIVIDADES CEREBRALES.

En algunas actividades adquiere un mayor protagonismo el hemisferio izquierdo y en otras, el derecho. **Los dos hemisferios del cerebro resultan complementarios en la mayoría de las personas.** El habla es una actividad regulada principalmente por el hemisferio izquierdo; sin embargo, alrededor de un 15 por ciento de los individuos zurdos y un 2 por ciento de los que usan preferentemente la mano derecha tienen los centros del habla en ambas partes del cerebro.

Durante los primeros años de vida tenemos el potencial de desarrollar el centro del habla en ambos hemisferios. De este modo, una lesión en el hemisferio izquierdo en un niño produce el desarrollo de la facultad del lenguaje en el hemisferio derecho.

Y cabe decir que los procesos emocionales y la generación de emociones son actividades que se realizan por igual en ambos hemisferios, ya que están producidas por el sistema límbico del cerebro.

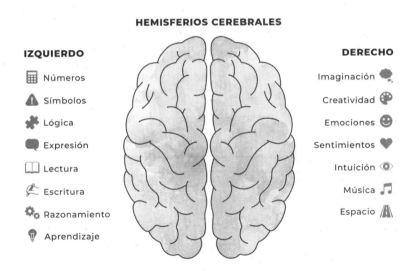

HEMISFERIOS CEREBRALES

IZQUIERDO

⊞ Números

⚠ Símbolos

✸ Lógica

💬 Expresión

📖 Lectura

✍ Escritura

⚙ Razonamiento

💡 Aprendizaje

DERECHO

Imaginación 🧠

Creatividad 🎨

Emociones 😊

Sentimientos ❤

Intuición 👁

Música 🎵

Espacio 🛣

EL HIPOCAMPO: EL BOTÓN DE LOS RECUERDOS

Como curiosidad, el hipocampo es la única zona del cerebro de la que se conoce, de momento, que **realiza neurogénesis,** es decir, en la que nacen nuevas neuronas a lo largo de la vida.

Este hecho es tan importante y tiene tanto sentido porque nos da la oportunidad de adquirir nuevas memorias, nuevas experiencias y nuevos aprendizajes. Este hecho es una ventana abierta a la esperanza en la superación de traumas, problemas y recuerdos dolorosos. Supone que tenemos unas posibilidades de aprendizaje, de sumar nuevas destrezas y modificar nuestra personalidad, y esto representa una gran oportunidad y corrobora los estudios acerca de la actitud como medicina de vida emocional y mental.

El hipocampo se sitúa en el sistema límbico y **está muy relacionado tanto con los procesos mentales relativos a la memoria como con la producción y regulación de estados emocionales,** además de intervenir en la navegación espacial, es decir, el modo en el que nos imaginamos el movimiento a través de un espacio concreto.

La principal función del hipocampo es la de mediar en la generación y la recuperación de recuerdos, así que **tiene un papel muy importante en la consolidación del aprendizaje.** Por un lado, permite que ciertas informaciones pasen a la memoria a largo plazo, y, por el otro, vincula esos contenidos con valores positivos o negativos, dependiendo de si estos recuerdos han estado asociados a experiencias placenteras o dolorosas (fisiológica o psicológicamente). Esto es esencial. A fin de cuentas:

LOS PROCESOS MENTALES LIGADOS
A LA EMOCIÓN DETERMINAN SI EL VALOR
DE UNA EXPERIENCIA ALMACENADA COMO RECUERDO
ES POSITIVO O NEGATIVO.

Las emociones tienen una función relacionada con el modo en el que aprendemos a comportarnos siguiendo unas reglas aprendidas que jueguen a nuestro favor: evitamos repetir errores y buscamos hacer lo correcto para volver a experimentar las sensaciones agradables que están impresas en nuestro hipocampo.

Lo curioso es que el hipocampo no contiene esos recuerdos, sino que actúa como un mediador: una especie de botón de activación que permite que surjan los recuerdos distribuidos por diferentes partes del encéfalo.

Se sabe que una lesión en esta zona del cerebro suele producir amnesia anterógrada y retrógrada en la producción y evocación de recuerdos relacionados con la memoria biográfica y la memoria de cómo se aprenden las cosas, pero la memoria de trabajo —es decir, la de las acciones de la vida diaria— suele quedar preservada. Una persona con el hipocampo severamente dañado puede seguir aprendiendo, por ejemplo, destrezas manuales (aunque no recordaría haber aprendido este proceso).

Cuando aparecen, esta es una de las primeras zonas en las que se hacen notar enfermedades como la demencia o el alzhéimer. Es por ello por lo que las personas que empiezan a experimentarlas ven que sus capacidades para formar nuevos recuerdos o recordar informaciones autobiográficas más o menos recientes quedan mermadas.

Sin embargo, aunque el hipocampo esté muy dañado, normalmente los recuerdos más antiguos y relevantes tardan mucho en desaparecer, lo cual podría significar que con el paso del tiempo los recuerdos más viejos y relevantes se van independizando cada vez más del hipocampo.

LA FRONTERA ENTRE EL CONSCIENTE Y EL NO CONSCIENTE

El **giro cingulado** es una parte del cerebro humano que se encuentra en los dos hemisferios cerebrales. Junto con el giro parahipocampal, constituye la corteza del sistema límbico, es decir, nuestro sistema emocional.

CUANDO SIENTES INQUIETUD O ANSIEDAD,
ES EL GIRO CINGULADO EL QUE ESTÁ ACTUANDO.

Nos ayuda a expresar nuestro estado emocional a través del gesto, la postura y el movimiento. Se encarga sobre todo de mediar nuestras respuestas emocionales y de asignar valor a la emoción ante estímulos externos e internos. En esencia, **el giro cingulado te permite expresar tus emociones en voz alta.**

Si se viera dañado, el sistema nervioso autónomo podría perder su capacidad para responder adecuadamente a los estímulos y esto podría alterar nuestra conducta de forma considerable.

Lo conforman unas estructuras que puedes visualizar en la imagen de la página 59:

- **La corteza cingulada anterior.** En términos generales, esta parte de la corteza cerebral tiene su papel especialmente en las respuestas autonómicas y endocrinas de la emoción y el almacenamiento de la memoria.
- **La corteza cingulada medial.** Esta parte se involucra cuando hacemos predicciones sobre los resultados del comportamiento y está relacionada con el procesamiento de la información sobre la toma de decisiones. Se

trata, en concreto, de la toma de decisiones basadas en la recompensa y en la actividad cognitiva asociada con el control motor intencional.

- **El giro cingulado posterior** está relacionado con un circuito de memoria topocinética (¡esa que te permite llegar a casa porque recuerdas el camino!). Su función principal, de hecho, es la orientación visoespacial: dónde están las cosas y dónde estás tú mismo. Se ha planteado la hipótesis de que esta parte esté involucrada en el autocontrol y la evaluación de eventos relacionados con la autorrelevancia.
- **La corteza retrosplenial** es fundamental en procesos tales como la memoria autobiográfica y la imaginación.

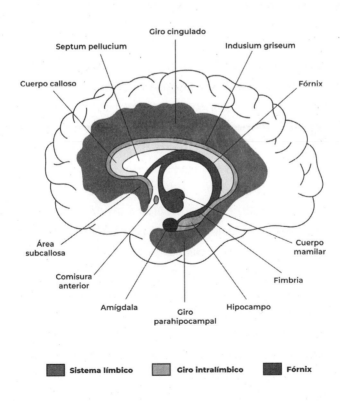

LA ÍNSULA, ¿EL FUTURO NUEVO LÓBULO CEREBRAL?

Antes hemos dicho que el cerebro humano está dividido en cuatro lóbulos cerebrales, y así se ha considerado durante mucho tiempo, pero **es posible que la ínsula acabe siendo el quinto lóbulo cerebral.**

La ínsula funciona como un centro integrador de diferentes sistemas —como el autónomo o el sistema audiovisual— y está implicada en los procesos emocionales, de autoconciencia e incluso en procesos del lenguaje, gustativos y olfativos. Situada en el punto en que confluyen los lóbulos temporal, parietal y frontal, se trata de un centro de conexión entre el sistema límbico y el neocórtex, es decir, entre nuestro cerebro emocional y nuestro cerebro racional.

La ínsula —como el resto de los lóbulos del cerebro— no es una simple área de paso para los impulsos nerviosos, sino una región en la que tienen lugar procesos psicológicos complejos y en la que se integra información proveniente de diferentes áreas del sistema nervioso.

No es una estructura uniforme que realiza de manera homogénea sus funciones, sino que diferentes partes de la ínsula se encargan de sus diversas tareas. Se divide en ínsula anterior y posterior, separadas por el surco insular central.

La región posterior de la ínsula es la que crea un mapa de las sensaciones de posición de las distintas partes del cuerpo, es decir, está vinculada con el control de las vísceras y los órganos internos. La parte anterior está ligada al sistema límbico, a la integración emocional de las experiencias y percepciones.

- **Percepción del gusto y olfato.** El sentido del gusto tiene su principal área sensorial primaria en el extremo inferior de la ínsula y en la corteza parietal. Es en este punto donde la información gustativa se hace consciente como una experiencia privada y subjetiva, pero relacionada con los elementos del entorno que saboreamos.

- **Control visceral y percepción somática.** La ínsula también tiene un importante papel en la regulación de las vísceras y órganos. Concretamente se ha observado que su manipulación experimental produce importantes variaciones en la presión arterial y la frecuencia cardiaca. También participa en las sensaciones provenientes del sistema digestivo y en la gestión de este sistema y del respiratorio.

- **Función vestibular.** Esta hace referencia al equilibrio corporal y al control del cuerpo en relación con el espacio. Así pues, gracias a la ínsula una persona sana es capaz de saber qué posición ocupa en todo momento cada una de las principales partes de su cuerpo.

- **Integración de información emocional y perceptiva.** La ínsula actúa como zona de asociación entre muy diferentes observaciones, especialmente en lo que se refiere a la asociación entre percepción y emoción. Así pues, gracias en parte a esta región cerebral aprendemos de nuestras experiencias, ya que vinculamos sensaciones subjetivas agradables o desagradables a aquello que hacemos y decimos y, de ese modo, vamos asociando comportamientos a consecuencias a través de lo que percibimos.

- **Implicación en adicciones: deseos y *craving*.** Debido a su relación y sus conexiones con el sistema límbico, se ha explorado la vinculación de la ínsula con el sistema de recompensa cerebral. Las investigaciones realizadas han reflejado que esta estructura interviene en los procesos de adicción a ciertas drogas, contribuyendo a mantener la conducta adictiva. Esta relación se debe a la implicación de la región insular en la integración entre emoción y cognición, especialmente en el fenómeno del *craving* o intenso deseo de consumo.

- **Empatía y reconocimiento emocional.** Esta región de la corteza cerebral tiene un papel clave en la capacidad de reconocimiento de emociones y de la empatía. Así, se ha manifestado que aquellos individuos sin ínsula presentan un reconocimiento mucho menor, especialmente en lo que respecta a las emociones de alegría y sorpresa, así como de dolor. De hecho, se ha planteado que los déficits encontrados son muy semejantes a algunos casos de autismo, trastorno límite de la personalidad y problemas de conducta, con lo que se podrían realizar investigaciones sobre el funcionamiento de esta zona cerebral en determinados trastornos.

LAS REGIONES QUE COMPLETAN EL MAPA

El tálamo

Ubicado en la parte central del cerebro, procesa y coordina los mensajes que recibe de nuestros sentidos (como el tacto). Su función principal es la integración de la información sensorial: transmite la mayoría de la información que alcanza la corteza cerebral y, además, integra diversas modalidades sensoriales y facilita o inhibe las proyecciones hacia unos lóbulos u otros.

Es, por así decirlo, **el ama de llaves:** conoce toda nuestra casa cerebral y corporal, recibe cada señal de fuera —ya sea una sensación o un pensamiento— y decide a qué zonas del cerebro enviarla. Si recibe un peligro real, lo enviará al área más instintiva, que producirá adrenalina o señales de protección física. Si recibe una señal olfativa, la enviará a la memoria emocional; si recibe imágenes visuales, las enviará a la zona occipital de la corteza cerebral para que sean descifradas y unificadas en una imagen; si son melodías o códigos verbales, las enviará a la zona temporal y frontal de la corteza cerebral para comprender el mensaje y tomar una decisión. Su buen funcionamiento es vital para nuestra salud.

DEL TÁLAMO DEPENDE QUE LOS MENSAJES LLEGUEN ADECUADAMENTE A SU LUGAR EN EL CEREBRO, SIN QUEDARSE POR EL CAMINO, SIN DISTORSIONARSE NI LLEGAR A LUGARES EQUIVOCADOS.

Las lesiones del tálamo posterior pueden provocar la llamada «falsa rabia», síndrome caracterizado por la presencia de irritación y cólera ante provocaciones mínimas. Así que ¿qué hace que el tálamo esté bien? **Una de las principales causas es practicar la calma y la atención plena.** De esta manera las señales serán correctamente recepcionadas y distribuidas.

El hipotálamo

Es una pequeña sección que se encuentra en la base del cerebro, cerca de la glándula pituitaria. Aunque es pequeño, es muy importante y juega un papel crucial en la regulación de numerosos ciclos corporales. Se compone de tres regiones:

1. **Región anterior:** formada por varios núcleos que son los principales responsables de la secreción de hormonas, a menudo interactuando con la glándula pituitaria.
2. **Región media:** controla el apetito y estimula la producción de hormonas de crecimiento para el desarrollo del cuerpo.
3. **Región posterior:** regula la temperatura corporal y controla la producción de sudor.

Así que el hipotálamo es el encargado de producir las hormonas que controlan **la temperatura corporal, la frecuencia cardiaca, el hambre, los estados de ánimo, la libido, el sueño y la sed,** así como la liberación de hormonas de muchas otras glándulas, especialmente la hipófisis.

La glándula pineal o epífisis

Es una pequeña glándula endocrina que se encuentra entre los dos hemisferios cerebrales. Es de color gris rojizo y tiene la forma del fruto del pino. Su tamaño es de 5 a 8 milímetros y pesa unos 150 miligramos. Crece hasta el segundo año de vida, aunque su peso aumenta hasta la adolescencia.

Curiosamente se encuentra fuera de la barrera hematoencefálica, una barrera de permeabilidad que separa la sangre que circula del fluido extracelular en el sistema nervioso central. Permite el paso de agua, gases y moléculas.

Se compone sobre todo de pinealocitos (cuya función es segregar melatonina), pero se han identificado en ella otras cuatro células.

La melatonina es una hormona que se encuentra en humanos, animales, hongos, plantas y bacterias. Participa en diferentes procesos celulares, neuroendocrinos y neurofisiológicos, como por ejemplo el control del ciclo diario del sueño (los déficits de esta sustancia pueden provocar insomnio y depresión).

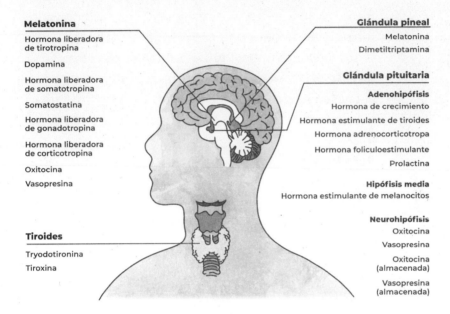

Melatonina

Hormona liberadora
de tirotropina

Dopamina

Hormona liberadora
de somatotropina

Somatostatina

Hormona liberadora
de gonadotropina

Hormona liberadora
de corticotropina

Oxitocina

Vasopresina

Tiroides

Tryodotironina

Tiroxina

Glándula pineal

Melatonina
Dimetiltriptamina

Glándula pituitaria

Adenohipófisis

Hormona de crecimiento

Hormona estimulante de tiroides

Hormona adrenocorticotropa

Hormona foliculoestimulante

Prolactina

Hipófisis media

Hormona estimulante de melanocitos

Neurohipófisis

Oxitocina

Vasopresina

Oxitocina
(almacenada)

Vasopresina
(almacenada)

Las funciones de la glándula pineal han sido las últimas en descubrirse de todos los órganos endocrinos. Responde a las variaciones de la luz que se producen a nuestro alrededor, activándose ante la carencia de esta para segregar la melatonina (también serotonina, noradrenalina, histamina y algunas más). Pueden destacarse diferentes funciones:

- **Segrega melatonina,** que nos ayuda a regular el ciclo del sueño y el descanso.
- Es un **depósito de serotonina,** que es el neuroquímico responsable del bienestar emocional y de la sensación de felicidad.

- **Refuerza el sistema inmunitario** y nos hace tener una mejor salud si su funcionamiento es adecuado.
- **Regula funciones endocrinas** y hace que nuestro sistema químico interno y complejo esté más armonizado, funcionando como una orquesta afinada y en la que todos juegan un papel importante y se entienden.
- **Regula el ritmo circadiano,** importantísimo para que el cuerpo se sienta en calma, o no desgaste más energía de la necesaria por estar estresado o tener arritmias.
- **Regula ritmos estacionales,** de estrés, rendimiento físico y estado de ánimo.
- **Influye en las hormonas sexuales,** de manera que regula también la apetencia y el deseo sexual.

La hipófisis

Hace de coordinadora recogiendo los mensajes del cerebro para producir hormonas que estimulan y regulan otras glándulas endocrinas (suprarrenales, tiroides, ovarios y testículos), y para producir y segregar hormonas que directamente intervienen en funciones biológicas fundamentales. Es esencial para mantener el equilibrio metabólico.

- **Hormona de crecimiento:** fundamental para el crecimiento lineal durante la infancia y la adolescencia, y también necesaria para el mantenimiento de la salud y el bienestar durante la edad adulta.
- **Hormona estimulante del tiroides:** esencial para la regulación de la glándula tiroides.
- **Hormonas reguladoras de las gónadas:** responsables

del correcto funcionamiento de los ovarios en las mujeres y de los testículos en los hombres.

- **Hormona reguladora del córtex suprarrenal:** esencial para mantener el equilibrio metabólico.
- **Prolactina:** necesaria para la lactancia, influye también en la función sexual.
- **Vasopresina u hormona antidiurética:** regula la cantidad de orina que eliminan nuestros riñones y permite que estos ahorren agua, evitando así que orinemos de manera continua.
- **Oxitocina:** aumenta la fuerza de las contracciones del útero durante la fase final del parto y también facilita la lactancia. Es la famosa «hormona del amor» y es fundamental para nuestro equilibrio emocional.

La neurociencia y la medicina celular están revelando auténticas maravillas que aportan luz a nuestro estado de ánimo, a nuestra neuroquímica interna y a la inteligencia que tiene todo el cuerpo sobre sí mismo, formando un todo, del cual el último responsable de ejecutar acciones sería el cerebro, pero con orden expresa de la voluntad.

EL CEREBRO NO ES EL PENSAMIENTO
Y NOSOTROS NO SOMOS NUESTROS PENSAMIENTOS.

La función de la mente es pensar. Y sí, la mente se sitúa en nuestro cerebro, pero nosotros no somos nuestra mente, ni tampoco somos nuestros pensamientos. No te identifiques con la simbología de tu mente, porque esta no siempre tiene utilidad.

Hemos creído que somos nuestros pensamientos y esto

muchas veces nos asusta. Hemos querido analizarlos a fondo y esto ha hecho que nuestras emociones se desborden. Hemos querido controlar o evitar nuestras emociones y hemos enfermado. Todo esto nos hace replantearnos muchas cuestiones sobre nuestra salud emocional, vital y nuestro bienestar, que es lo que buscamos para ser felices.

Desarrollar la actitud no solo es trabajar sobre pensamientos o emociones; la actitud nace de conectar con tu ser profundo, contigo, con tu corazón, con tu naturaleza esencial. Y desde la percepción de qué es lo más amoroso y lo más adecuado, la actitud es la que te lleva a tomar la mejor decisión en cada momento, la que te ayuda a ver con claridad, la que te conduce por el camino correcto.

LA NEURONA: LA REINA DE LA CASA

Como hemos visto en el capítulo anterior, Santiago Ramón y Cajal comprobó que el cerebro componía una red, una estructura similar a millones de telas de araña interconectadas o a un bosque lleno de ramas entrelazadas. Fue él quien situó las neuronas como elementos nucleares estructurales y funcionales del sistema nervioso.

En su curiosidad de investigador, estudió cerebros en diferentes etapas de la vida, pero su fascinación llegó al darse cuenta de que ese tejido que existía en el cerebro adulto no era igual que el de un niño. Observó que estas ramas van creciendo y se van densificando y aumentando con la edad. Además, varían entre cerebros sanos y cerebros con alguna enfermedad. Esto supuso un antes y un después, ya que sería el comienzo del estudio de la plasticidad cerebral.

NUESTRO CEREBRO ES PLÁSTICO, ES DECIR, ES MOLDEABLE.

Nacemos con nuestro bosque cerebral (neuronas) muy poquito poblado y va creciendo con la estimulación y el desarrollo. Este bosque está formado por neuronas que se entrelazan y conectan entre sí con miles de millones de ramificaciones. Estas conexiones forman una amplia red en nuestro cerebro con un afán tremendo de comunicarse, de traspasarse información de unas a otras. Ese es su propósito: desarrollar capacidades y funciones en el ser humano.

La neurona es una célula de tipo nervioso, porque gracias a ella nuestro cuerpo puede comunicar sus impulsos para coordinarse y funcionar adecuadamente. Por lo tanto, la neurona es un elemento que está en todo nuestro organismo y nos ayuda a tener una vida en equilibrio.

Las neuronas tienen una forma muy característica. Básicamente se dividen en tres partes: **cuerpo, dendritas y axón.**

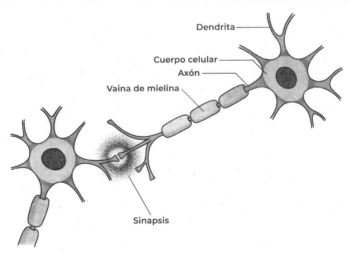

Dendrita

Cuerpo celular

Axón

Vaina de mielina

Sinapsis

1. **Cuerpo, la cabeza.** El cuerpo o soma de la neurona es el centro de mando, es decir, donde ocurren todos sus procesos metabólicos. Es su región más ancha, tiene una forma más o menos ovalada y es donde se encuentra tanto el núcleo como el citoplasma de la neurona. Aquí está todo el material genético de la neurona y se sintetizan todas las moléculas necesarias tanto para permitir su propia supervivencia como para garantizar que las señales eléctricas se transmitan adecuadamente.

2. **Dendritas, las manos.** Las dendritas son prolongaciones que nacen del cuerpo o soma y que forman una especie de ramas que recubren todo el centro de la neurona. Su función es captar los neurotransmisores producidos por la neurona más cercana y enviar la información química al cuerpo de la neurona para hacer que esta se active eléctricamente. Por lo tanto, las dendritas son prolongaciones de la neurona que captan la información en forma de señales químicas y avisan al cuerpo de que la anterior neurona de la red está intentando enviar un impulso, ya sea desde los órganos sensoriales al cerebro o viceversa.

3. **Axón, los pies.** El axón es una única prolongación que nace del cuerpo o soma de la neurona, en la parte contraria a las dendritas. Una vez que se han recibido los neurotransmisores y el soma se ha activado eléctricamente, se encarga de conducir el impulso hasta los botones sinápticos, donde se liberan los neurotransmisores para informar a la siguiente neurona. Por lo tanto, el axón es un tubo único y no capta información, sino que se dedica a transmitirla.

Las neuronas también tienen otras áreas. **El núcleo es el DNI de cada neurona.** Como cualquier célula, las neuronas tienen un núcleo. Este se encuentra en el interior del soma y es una estructura delimitada del resto del citoplasma en cuyo interior está protegido el ADN, es decir, todos los genes de la neurona. Dentro de él se controla la expresión del material genético y, por lo tanto, se regula todo lo que sucede en la neurona.

También hay que mencionar **la vaina de mielina, vital para que la neurona pueda** *hablar*. La mielina es una sustancia compuesta de proteínas y grasas que rodea el axón de las neuronas. Es imprescindible para permitir que el impulso eléctrico viaje a la velocidad correcta. **La mielina es la gasolina de la neurona,** necesaria para que haya conexiones y plasticidad, y para que el cerebro funcione eficiente y adecuadamente.

Otras partes muy importantes de la estructura de nuestro cerebro, vitales para la funcionalidad, son la sustancia blanca y la gris, a las que se les llama así por el color con el que las ve el ojo humano.

La **sustancia blanca** está formada por millones de vías de comunicación, cada una compuesta por un cable largo e independiente, el axón, recubierto por una sustancia blanca y grasa: la mielina. Su color se debe a la mielina grasa que la recubre. Al mirar un cerebro partido por la mitad, vemos qué cantidad y dónde están los brazos de las neuronas que procesan la información que reciben y dónde están las piernas de las neuronas que llevan esa información.

La **sustancia gris,** también denominada «materia gris», está principalmente compuesta por cuerpos de células del cerebro, pero no son neuronas (células gliales) y tienen axones amielínicos (sin *mantequilla* alrededor para desplazarse y transmitir información a las neuronas). Su misión es enviarse información entre ellas y fabricar mielina para todo el sistema nervioso, central y periférico. La materia gris contiene la mayoría de los cuerpos de células neuronales del cerebro. Se encuentra en regiones del cerebro involucradas en el control muscular y la percepción sensorial, como la vista y el oído, la memoria, las emociones, el habla, la toma de decisiones y el autocontrol.

El procesamiento de la información se realiza en la materia gris, mientras que la materia blanca permite la comunicación entre las distintas zonas de la materia gris, y entre la materia gris y otras partes del cuerpo. La sustancia gris no tiene vainas de mielina, mientras que la sustancia blanca está mielinizada.

La sustancia blanca se encuentra en los tejidos más profundos del cerebro (subcorticales). Contiene fibras nerviosas (axones), las cuales son extensiones de las células nerviosas (neuronas). Por el contrario, la sustancia gris es un tejido que se encuentra en la superficie del cerebro (cortical).

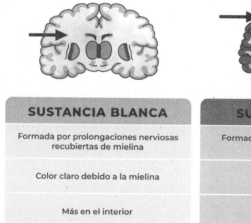
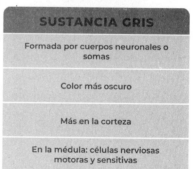

SUSTANCIA BLANCA	SUSTANCIA GRIS
Formada por prolongaciones nerviosas recubiertas de mielina	Formada por cuerpos neuronales o somas
Color claro debido a la mielina	Color más oscuro
Más en el interior	Más en la corteza
En la médula: tractos ascendentes y descendentes	En la médula: células nerviosas motoras y sensitivas
Funciones de conexión	Funciones de procesamiento de información

Nuestro cuerpo está integralmente conectado. Esto supone que el corazón y cada órgano también tienen un componente neuronal, que existe una inteligencia celular, que no solo somos cerebro, y que el cuerpo y el sentir tienen mucho que decir.

Desde saborear un rico helado de chocolate, pasando por un turbulento dolor de barriga, hasta decidir que dejarás de comer helados durante una temporada, las neuronas tienen un papel clave en todo este proceso. Las neuronas gobiernan nuestros sentidos y sensaciones, son las que nos permiten pensar, decidir, emocionarnos y muchas cosas más que forman nuestra mente y nos hacen ser quienes somos. Pero ¿qué son?

Son células altamente especializadas que forman parte del sistema nervioso de nuestro cuerpo y se encuentran, sobre todo, en el cerebro. Son «células mensajeras inteligentes» por su capacidad de recibir y emitir señales eléctricas y químicas, siendo por lo tanto su principal función la transmisión de información a otras células del organismo. Forman grupos entre sí que se llaman «redes neuronales» porque tienen forma de red y que surgen a partir de las sinapsis (diálogos frecuentes). Estas redes neuronales son muy poderosas porque gracias a ellas se llevan a cabo una multitud de funciones complejas en el sistema nervioso: desde el movimiento para levantarnos de la cama hasta procesar el sabor del almuerzo, pasando por funciones mentales superiores, como decidir qué camisa nos pondremos hoy o qué quiero hacer durante el día.

Las neuronas buscan conexiones activamente. Los axones y dendritas se pasan toda su vida buscándose y creando conexiones. La gran noticia es que estas conexiones pueden modularse y puedes ser el arquitecto de tu cerebro, el escultor, el artista que cree lo que quiera con la materia prima que tienes. Una neurona tiene su sentido de ser porque está en unión con las demás y porque su misión es conducir y traducir información. Es una célula muy inteligente. Por eso hablamos de inteligencia de vida, de inteligencia celular y de inteligencia del ser humano más allá de la racionalidad pura y dura de los procesos cognitivos superiores, como el pensamiento, el lenguaje, la memoria y la atención.

Las neuronas tienen un lenguaje propio, el de la electricidad y la química. Se cargan de electricidad en sus uniones y desplazan información a otra a través de la química, que a su vez se carga de electricidad y se lo *cuenta* a otra, y así sucesivamente. Todo el cerebro ejerce una danza perfecta de impulsos electroquímicos; vamos, una fiesta total ahí en nuestra cabecita. La función principal de la neurona es la de transmitir impulsos eléctricos de información que circula por nuestro cuerpo. Ninguna otra célula es capaz de hacer que los impulsos eléctricos viajen a través de ella.

Las neuronas no solo están en el cerebro y la médula espinal, o en el sistema nervioso central. Están por todo el cuerpo, formando una red que comunica todos los órganos y tejidos con el sistema nervioso central.

¿Cómo se comunican las neuronas?

Lo hacen mediante un proceso llamado «sinapsis», que intercambia neurotransmisores para enviar mensajes. Las neuronas forman una autopista por la que viaja la información, que o bien nace en los órganos y tejidos y llega al cerebro para generar una respuesta, o bien nace en el cerebro y llega a los órganos y tejidos para actuar. Y esto sucede constantemente, por lo que la información debe viajar a una velocidad muy alta.

Imagina que te quemas un dedo. En cuestión de milésimas de segundo, al cerebro le llega la información de que te estás haciendo daño y el cuerpo emite el reflejo inmediato para que apartes cuanto antes el dedo. Cuando el cerebro racional se da cuenta, decide que es mejor que agarres el cazo por otra parte porque no quieres quemarte de nuevo.

Aquí vemos claramente cómo el cuerpo sabe antes y siente antes de que el cerebro racional sepa y pueda decidir; existe un mecanismo que une el cuerpo y una parte del cerebro y nos ayuda a protegernos de dolor o peligro sanamente.

Esto es interesante porque, cuando el cuerpo piensa que el entorno es peligroso y afecta a nuestras emociones, también está alterando nuestras reacciones. Y es que todo está interconectado. Podemos comprender nuestras reacciones al miedo y a la ansiedad tan exageradas, y podemos tener herramientas y estrategias para calmarlas, y darles al cerebro, a nuestro sistema nervioso y a nuestro cuerpo el estado de equilibrio que necesitan para gozar de buena salud física, mental y emocional.

El sistema nervioso es increíblemente rápido, la transmisión de información sucede a una velocidad de 360 km/h. Por eso apenas podemos percibir que pasa el tiempo entre que sentimos algo y ejecutamos una acción que implica protección. Cuando interviene la razón, el tiempo puede aumentar, debido al tiempo de reflexión que requiere un pensamiento, por ejemplo, en situaciones de la vida cotidiana que necesitan respuestas más razonadas, sosegadas, reflexivas, menos instintivas e impulsivas.

A lo largo de este libro vamos a aprender a comprender a nuestro cerebro para desarrollar la reflexión cuando sea necesario y no desencadenar la reacción. Se trata de disminuir la amenaza, el ataque, la adrenalina, y de conectar más con la serenidad para dotarnos de mayor paz, menos ansiedad y mejores relaciones sociales y con nosotros mismos.

El cuerpo humano realiza un número impresionante de tareas con diferentes niveles de complejidad a cada instante y cada día. Las neuronas son las encargadas de llevar todo tipo de información entre el cerebro y el cuerpo para que operemos con normalidad. Dada la inmensa pluralidad de información que se transmite, es inevitable que las neuronas se hayan acabado especializando y que hayan surgido diferentes tipos de neuronas. Aun así, la función esencial de una neurona es recibir y dar información, aunque el idioma y el país en el que estén unas con respecto a otras sean diferentes.

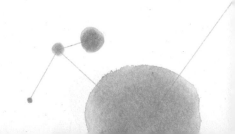

3

MÁS ALLÁ DEL CEREBRO

SISTEMA INMUNITARIO Y ACTITUD O PENSAMIENTO POSITIVO

Párate a pensar qué ha sucedido en tu cuerpo cuando has estado estresado o centrado en aspectos negativos, anticipando tragedias y miedo, pensando en cosas que te preocupan. Recuerda cómo te has sentido cuando esto ha durado un tiempo, o cuando has atravesado una situación vital difícil o estresante —enfermedad, fallecimiento, separación, economía, trabajo—. ¿Has empezado a tener síntomas de cistitis? ¿O de amigdalitis? ¿O conjuntivitis?

Seguro que has dicho: «Me han bajado las defensas», y sabías que había sido por un estrés prolongado físico o mental. Pues bien, te diré que en este caso **el pensamiento positivo puede hacer mucho por ti, pero no estoy hablando de que te autoengañes.**

CON «ACTITUD Y PENSAMIENTO POSITIVO»
ME REFIERO A HACER LO MEJOR PARA TI
Y PARA TU VIDA EN FUNCIÓN DE TUS CIRCUNSTANCIAS.

Es decir: **no te boicotees, ni te critiques, ni te exijas más de la cuenta cuando no viene a cuento y, por supuesto, no anticipes catástrofes.** Las defensas de nuestro cuerpo son físicas y mentales; si a nuestro sistema mental le metemos mucha porquería que no podemos depurar, al sistema inmunitario le pasará algo parecido y, al estar bajo de forma, le abrirá las puertas a todo virus o bacteria dispuesto a entrar.

Es importante mantenernos fuertes, estables, y contribuir todo lo que podamos a ayudar a nuestro sistema inmune desde nuestra actitud. Esto es igual que cuando cambiamos de temperatura drásticamente o entramos en un lugar con un fuerte aire acondicionado cuando estamos sudados: generamos estrés en nuestro organismo y abrimos las compuertas a los invasores. Igual ocurre con la disminución de defensas que se produce a nivel mental y emocional.

Con esto no digo que no depuremos emociones como la tristeza, el miedo y la ira. Hay que reconocerlas y repararlas. Si se quedan dentro, pueden convertirse en el agresor de nuestro sistema inmune, y esto no es lo que queremos para nuestra salud.

Por eso, **entrena en pensar bien, en ayudarte,** en que en circunstancias difíciles puedas preguntarte: «¿Me estoy ayudando o me estoy llenando de más virus?». La respuesta te indicará el camino a seguir, te llevará a hacer en cada momento aquello que te ayuda.

EL ALMA HUMANA EN EL CEREBRO

La intuición, la voluntad, ¿dónde están? ¿Dónde nacen? Siempre he dicho que el alma humana tiene su reflejo en el cerebro. Dentro de este, el lóbulo frontal es el que más tarda en evolucionar. En él hay una zona donde se ubica la llamada «función ejecutiva», y esa es la que nos ha caracterizado siempre como humanos debido a sus cualidades complejas.

Todas las funciones superiores cognitivas —el lenguaje, el pensamiento, el razonamiento, la memoria con todos sus componentes o la atención— son cualidades muy humanas, o así lo hemos creído por la capacidad de medirlas en ejecución de tareas cognitivas, pero sabemos que algunas especies animales realizan también esas funciones. La función ejecutiva —que se sirve de todas las otras anteriores y se sitúa en la parte frontal, esa que decimos que madura en torno a los veinte años e incluso algo más tarde— es la que se corresponde con lo que hasta hace unos años se llamaba el «alma humana». Ahora la llamo solo **«reflejo del alma humana» en nuestro cerebro.**

¿Por qué creo que es el reflejo del alma humana? Porque **la función ejecutiva interviene de una manera vital en la toma de decisiones,** es la última ejecutora del cerebro en elaborar toda la información y generar una respuesta.

En el lóbulo frontal se juntan todas nuestras preocupaciones conscientes, así que lo necesitamos para tomar buenas decisiones, y es también el que sobrecargamos cuando estamos excesivamente racionalizados; en él están las obsesiones que no podemos parar, y nos altera la conducta cuando no funciona bien, porque no puede inhibir impulsos o reacciones de nuestro cuerpo.

También es el lóbulo frontal quien se hace preguntas reflexivas, de esas que me gustan a mí, no con el fin de atormentarme, sino con el fin de comprender. Pero me di cuenta de que no solo me servía comprender a nivel mental, necesitaba recordar, comprender, sentir, asimilar, integrar la experiencia para tomar esas decisiones acertadas. Por eso creo que el corazón, como órgano sabio, le manda continuamente una energía preciosa a nuestro cerebro, energía para escuchar y tomar decisiones y ejecutar acciones. Me di cuenta de que el corazón es quien me lleva a las cosas, pasando por el filtro coherente de la razón.

¿Cuántas veces tomamos decisiones obviando las circunstancias, sin escuchar lo que nuestro corazón ya sabía? Antes o después, esto nos lleva al sufrimiento. Ni siquiera lo llamaré «dolor», porque a este último el cuerpo lo asimila de una manera diferente: el cuerpo reconoce el dolor como algo propio, algo que debe curar. **El sufrimiento, sin embargo, lo reconoce como un virus, un agente externo y maligno contra el que combatir y del que debe deshacerse.** Esto deja exhausto al cuerpo, que se desgasta, se oxida y envejece a todos los niveles. Y esto tiene sus consecuencias.

EL SUFRIMIENTO SE PRODUCE CUANDO USAMOS ESA FUNCIÓN EJECUTIVA SOLO DESDE EL CEREBRO, SIN TENER EN CUENTA AL CORAZÓN.

Un daño traumático

El caso de Phineas Gage, presentado por el doctor Harlow en 1848, demostró que una lesión cerebral en los lóbulos frontales puede provocar un cambio en la personalidad, en el comportamiento social y en la capacidad de toma de decisiones.

Phineas Gage era un obrero de veinticinco años que trabajaba como capataz en la construcción de una vía de ferrocarril entre dos ciudades de Vermont, Estados Unidos. Se encargaba de preparar las detonaciones para volar rocas en el terreno. Su trabajo consistía en poner explosivo compactado con arena en la piedra valiéndose de una barra de hierro. En un descuido, probablemente al olvidarse de poner la arena, la barra de hierro golpeó la piedra y saltó una chispa que hizo explosionar la pólvora ya colocada. La barra de hierro traspasó la mejilla izquierda de Phineas Gage y salió por la parte derecha del cráneo.

Phineas Gage cayó tres metros más allá, por la fuerza de la inercia del golpe y, ante la sorpresa de sus compañeros, no perdió la conciencia y empezó a hablar al momento. Lo llevaron al centro médico del pueblo, en donde lo atendió el doctor Harlow, quien pudo sacarle la barra de hierro y curarle la herida. A los dos meses, Phineas Gage volvió a su trabajo.

El doctor Harlow contó que siempre había sido un capataz amable, conciliador y responsable, que tenía a varios trabajadores bajo su responsabilidad, pero después del accidente se volvió suspicaz, irritable, y se metía en peleas constantes con sus compañeros. Era incapaz de conservar un trabajo debido a esto. Según el doctor Harlow: «Se volvió irregular, irreverente, blasfemo e impaciente. A veces era obstinado cuando le llevaban la contraria. Pese a que continuamente estaba pensando en planes futuros, los abandonaba mucho antes de prepararlos, y era muy bueno a la hora de encontrar siempre algo que no le convenía».

Finalmente acabó trabajando en el circo. Luego se trasladó a vivir a Chile, donde fue conductor de diligencias. Su salud se deterioró notablemente tras sufrir varias crisis epilépticas y regresó a San Francisco, con su familia, donde murió a los treinta y ocho años.

La barra de hierro y el cráneo se conservan en la Facultad de Medicina de Harvard. Este es el primer caso descrito de cambio de personalidad tras un daño cerebral adquirido, en este caso traumático.

Estaba claro que se había roto la conexión entre su función ejecutiva frontal y su corazón. Ya no era capaz de leer bien las señales sociales, ni comprender los valores, ni interiorizar normas, ni sentir empatía, y mucho menos compasión. Pasó a otro nivel que, desgraciadamente, le dejó con vida, pero sin poder vivir.

Por eso siempre digo que existe un reflejo en la frente, por debajo de ella, cerca de los ojos, que se conecta con nuestra visión, nuestra intuición, que recoge todo lo necesario para saber las respuestas antes de obtenerlas, que se pregunta acerca de la naturaleza del ser, por qué unas personas pertenecemos a una sociedad y otras a otra, quién tiene la razón, y que se plantea aspectos acerca de la naturaleza humana.

EN ESENCIA, TODOS SOMOS
EL MISMO CEREBRO
Y EL MISMO CORAZÓN.

Cuando nacemos, somos tan solo biología, trozos de genes, semillas plantadas, pero la educación, las vivencias y también la cultura se encargan de estimular unas áreas u otras, **la vida va transformando las conexiones que creamos en nuestro cerebro, estimulando si seremos pintores, lectores, músicos, científicos, psicólogos o deportistas.** Si nos gustará el chocolate o el sushi, si veremos el mundo con unos ojos u otros.

La diversidad me ha fascinado siempre; qué pena que vivamos separados cuando todos venimos de lo mismo y nos componemos de lo mismo. De hecho, esto tiene mucho que ver con el alma humana, que trasciende al físico, se hermana con cada alma a su paso y ve a través de los ojos y de otro tipo de mirada a las personas.

Cuando planteo estas reflexiones, muchas personas me preguntan —y yo misma lo hago—: «¿Y los actos inhumanos que cometen algunas personas? ¿La maldad existe?». Y no llego a una misma respuesta. Hay quien cree que sí, hay quien cree que no, hay quien lo ve desde una perspectiva religiosa, quien lo ve desde una perspectiva de daño cerebral y quien lo ve desde un trauma educacional.

Yo no me siento aún preparada para responder a estas preguntas, solo sé que cuando calo hondo y llego a ese corazón, a esa alma humana de cada persona, solo veo belleza, a pesar de los miles de capas que haya tenido que atravesar. Y merece la pena, ya lo creo que sí.

Reflexionar acerca de lo que somos e imaginarnos que el otro puede estar pasando su peor momento, que podemos cambiarle el día o la vida a alguien, comenzando por uno mismo, aplicando amor a la vida, con esa voluntad tan característica de nuestra especie, nos hará felices.

Como humanos necesitamos sentirnos vinculados a los otros, necesitamos comprender, sentir que están, sentir que estamos, sentir que no hay juicio, que no hay aplicación no sana de la razón, sentir que comprendemos o al menos respetamos, sentir que si hacemos daño al otro es como si nos lo hiciéramos a nosotros mismos, sentir que, si no perdonamos, el daño nos lo hacemos a nosotros, sentir que el rencor nos destruye, sentir que la vida en unión es nuestra naturaleza innata como especie, y esto pasa por el corazón.

LAS NEURONAS EN OTRAS PARTES DEL CUERPO

La inteligencia celular

Está muy de moda hablar de que hay dos o tres cerebros más, aparte del que todos conocemos. ¿Por qué? El cerebro es el cerebro, el órgano de la cabeza cuya célula principal es la neurona.

Pero se ha observado que también hay neuronas en el intestino y, en una cantidad increíble (mayor incluso que la del sistema nervioso), en el corazón y en la piel. ¿Esto qué significa? Mi intuición me dice que cada órgano de nuestro cuerpo es inteligente, una parte primordial del engranaje fundamental para encontrarnos y sentirnos bien; cada órgano forma parte de ese todo que somos.

Gracias a la especialidad que más amaba mi padre de su profesión —la medicina oriental y la osteopatía—, yo **crecí con la concepción de que el cuerpo es un todo, y que todo está interrelacionado.** No somos un corazón separado de un hígado o de un riñón, somos un todo en el que influye lo que hace cada uno, y también lo que hacemos nosotros con nuestra conducta, nuestros hábitos, nuestros pensamientos y nuestras emociones.

Hace tan solo unos días me fascinaba una conversación con un familiar médico que me hablaba de la importancia del riñón, que está continuamente depurando lo que hace el resto de tu cuerpo, al igual que el hígado. Filtran lo que comemos, lo que bebemos, lo que respiramos, lo que nos ponemos en la piel. A eso hay que añadir lo que pensamos y sentimos. Así funciona el cuerpo, como un conjunto. Los órganos, la mente, el cerebro, las emociones, los pensamientos, los alimentos, todo es nutrición y todo influye en todo.

¿QUÉ LE QUIERES DAR A TU CUERPO?

¿Qué quieres darles a tus cerebros inteligentes que están trabajando sin cesar para que tú estés bien? **Cuida tu cuerpo, cuida tu mente, cuida tus hábitos, porque como decía Hipócrates: «La salud es un bien que solo aprecian los enfermos».** Y la salud es clave para tu bienestar.

También me sorprendió otra conversación con un amigo médico que gestiona la Unidad del Dolor en su hospital, donde ya se concibe la fibromialgia con características psicológicas y emocionales. Y una compañera médica, experta en Digestivo, que asocia una gran cantidad de las alteraciones en ese sistema con componentes psicosomáticos y de estilos de personalidad y vida.

Pero lo mejor de todo no es la premisa, es cómo podemos ayudarnos con nuestros hábitos, con nuestra inteligencia de vida, con amor hacia nosotros, con autocuidado, amabilidad y mimo.

Que Oriente y Occidente se estén acercando y estén empezando a observar al ser humano como un todo en sentido holístico, integral, y que se distinga lo que es prevención de lo que es intervención, los hábitos de la enfermedad, y que todo esto pueda ayudar a la salud es uno de los regalos que me llevo de esta década.

La conducta social y las neuronas espejo

«Lo que más mueve al ser humano es el amor». (¿O es el miedo?). Las neuronas en espejo son eminentemente humanas y de especies sociales.

Están hechas para sentirnos vinculados los unos a los otros, para que podamos, a través del código verbal y del lenguaje racional, no solo comprender un mensaje, sino descifrar las microseñales que emite el otro, y podamos ponernos en su lugar, entender más allá de lo que dice, lo que hay tras sus palabras.

La empatía y el desarrollo de estas neuronas espejo empieza en fases muy tempranas del bebé, desde la vinculación con el tacto, la mirada compartida con la madre o el padre al lactar, la preferencia por las caras y sonidos humanos frente a otros estímulos, la importancia de querer imitar, la impronta de querer aprender un código comunicativo como es el lenguaje, la sonrisa, los turnos de palabra, la entonación, los gestos y las miradas.

Este desarrollo se va ampliando, de manera que el bebé en torno al año ya hace un sistema de triangulación entre lo que sucede en el entorno y su comprensión del mundo a través de la mirada, los gestos y las acciones del progenitor.

A partir de los tres años se produce una diferenciación, y en el cerebro surge lo que se conoce como «terapia de la mente»: darse cuenta de que lo que está en tu cabeza no está en la cabeza de los demás. Hasta entonces, el niño pensaba que su cabeza era transparente y todo se sabía.

En esta fase pueden surgir las mentirijillas y también puede comprender que lo que siente el otro no tiene por qué ser lo mismo que siente él. Lo que interpreta el otro también es diferente de lo suyo, pero de esto somos conscientes más adelante, más cerca de la niñez preadolescente, que es cuando se aplica la empatía con los demás, porque se está desarrollando el criterio, la identidad, y de ahí sale esa rebeldía para diferenciarse y oponerse a la familia, y se empiezan a marcar los rasgos de adolescencia con cambios físicos, mentales, hormonales y conductuales. Después se forma el puente al adulto, y la empatía vuelve a estar más extendida, no solo hacia los iguales, sino que podemos ser más comprensivos con el entorno.

Lo importante es saber que la empatía es muy útil, buena y necesaria en su medida justa. Tan nocivo es un déficit de empatía y no poder ponerse en el lugar del otro, como un exceso de empatía y salirte de ti para salvar la vida al otro, o vivir a través de las emociones que le corresponden a otro. Cuidado con la ecpatía, que supone fundirte y perderte en el otro: esto no ayuda a nadie.

Somos seres sociales, venimos preparados para vincularnos y para no extinguirnos, por eso necesitamos oxitocina, porque esta nos genera bienestar y además se produce por el contacto emocional, la mirada, el abrazo, el tacto, la escucha… Revierte en conductas prosociales, de bondad y generosidad hacia los demás, en desear el bien al mundo, en querer ayudar y vincularte más.

El ser humano necesita tanto sentirse entendido como entender que tiene las neuronas en espejo, las empáticas, las que hacen que dentro de ti representes el mundo de los otros y sientas lo que otros sienten cuando ves escenas o te cuentan experiencias. Esta es nuestra antena radiofónica de frecuencia para sintonizar. Además, vamos buscando pertenecer, sentirnos queridos, querer, y no es que seamos dependientes, somos seres humanos: guardamos nuestra autonomía, pero en soledad no sobreviviríamos; así somos.

Ya lo han dicho en Harvard, que el mayor productor de felicidad viene dado por la calidad de nuestros vínculos: las personas con mejor calidad en sus vínculos viven mejor, gozan de mejor salud y además tienen una mayor sensación subjetiva de bienestar y felicidad. Así que deberíamos proponernos sanar todos nuestros vínculos o elegir personas que nos nutran y nutrirnos nosotros para ofrecer nuestra mejor versión al mundo, ¿no te parece?

LOS TRUCOS O DEFECTOS DE SERIE DEL CEREBRO

El cerebro es muy capaz, muy inteligente y tiene unas posibilidades increíbles, pero no es listo. Necesita la intuición, el corazón y el resto del ser.

Por naturaleza, por evolución, venimos con lo que yo llamo «defectos de serie». Esto lo conoce bien la publicidad y el neuromarketing, y lo utilizan para enviar mensajes adecuados a nuestro cerebro. Necesitamos conocer estos errores para moldearlos a nuestro favor.

Estos errores se llaman «sesgos cognitivos». Son efectos psicológicos que producen una desviación en el procesamiento mental, lo que lleva a una distorsión, juicio inexacto, interpretación ilógica, o lo que se llama en términos generales «irracionalidad», que se da sobre la base de la interpretación de la información disponible, aunque los datos no sean lógicos o no estén relacionados entre sí. Los sesgos sociales se denominan generalmente «sesgos atribucionales» y afectan a nuestras interacciones sociales de cada día; también están presentes en la probabilidad y toma de decisiones. Ante un estado de confusión, es importante precisar y destacar los mecanismos netamente cognitivos de los intelectivos, ya que estos últimos corresponden en la intuición a sesgos perceptivos conocidos comúnmente como «falacias».

La existencia de sesgos cognitivos parece ser un rasgo adaptativo surgido durante la evolución humana, que ayuda a tomar decisiones rápidas ante ciertos estímulos potencialmente dañinos, en situaciones en las que una respuesta inmediata puede ser más valiosa para la supervivencia que un análisis detallado. Esta inmediatez puede conducir a tomar decisiones erróneas, a veces con consecuencias graves.

La psicología cognitiva estudia este efecto, así como otras

estrategias y estructuras que utilizamos para procesar la información, habiendo identificado una gran cantidad de ellos, con frecuencia relacionados entre sí.

Un sesgo cognitivo es una interpretación errónea sistemática de la información disponible que ejerce influencia en la manera de procesar los pensamientos, emitir juicios y tomar decisiones. El concepto de sesgo cognitivo fue introducido por los psicólogos israelíes Kahneman y Tversky en 1972. Cada segundo, tu cerebro ejecuta millones de procesos mentales. La probabilidad de que algún sesgo cognitivo influya en tu comportamiento es alta y ocurre con toda naturalidad.

Los sesgos cognitivos pueden influir en la forma de ver el mundo. Están determinados por implicaciones culturales, influencia social, motivaciones emocionales o éticas, atajos en el procesamiento de la información, distorsiones en la recuperación de los recuerdos y la memoria, entre muchos otros.

EL CEREBRO ES MUY CAPAZ PERO NO ES LISTO
Y VIENE CON DEFECTOS DE FÁBRICA.

Sesgo de confirmación. Es la tendencia a buscar, propiciar, interpretar o recordar información de manera que confirma algo que ya has decidido previamente, o que favorece creencias y suposiciones muy arraigadas. Es el caso, por ejemplo, de personas que apoyan o se oponen a un tema determinado, y no solo buscan información para reforzar sus tesis, sino que las interpretan de forma que defiendan sus ideas preconcebidas.

Sesgo de anclaje. En este caso, se centra uno casi exclusivamente en la primera información que recibe para tomar una decisión. Por ejemplo, en el transcurso de una negociación salarial el aspirante a un puesto de empleo se ve influenciado por la primera cifra mencionada en las negociaciones, en vez de examinar de manera racional otras opciones.

Sesgo de observación selectiva. Se da cuando se dirige la atención a algo en función de las expectativas y se desatiende el resto de la información. Por ejemplo, cuando compramos un coche y a partir de ese momento empezamos a ver coches de esa marca y ese color por todas partes.

Sesgo de negatividad. Se presta más atención y se da más importancia a experiencias e información negativa, en lugar de a la información positiva o neutral. Alguien da un paseo por un paraje espectacular entre montañas y valles de gran belleza, y se rompe una pierna. ¿Qué va a recordar más vívidamente?

Resistencia reactiva. Consiste en el deseo de hacer lo contrario de lo que alguien solicita o aconseja, debido a una amenaza percibida o a la propia libertad de elección. Lo anticipa Baltasar Gracián, el célebre escritor del Siglo de Oro: «No tome el lado equivocado de una discusión solo porque su oponente ha tomado el lado correcto».

Efecto de primera impresión. Describe cómo la impresión positiva acerca de alguien conduce a impresiones también positivas sobre otros aspectos de esa misma persona. En el momento de evaluar a un candidato en una entrevista de selección de personal, por ejemplo, se corre el riesgo de no ser objetivo porque los primeros rasgos tienen una enorme influencia en percepciones posteriores.

Disponibilidad heurística. Es un atajo mental que otorga más valor y credibilidad a la primera información que llega a tu mente y que es más fácil de recordar. No importa la opinión que tengas respecto al cambio climático o a las circunstancias ambientales; cuando hace calor, el responsable es el calentamiento global.

Sesgo de impacto. Es la tendencia a sobrestimar la intensidad y duración de una reacción ante acontecimientos o eventos futuros de carácter bueno o malo. El hecho de que toque la lotería, por ejemplo, no va a variar el nivel de felicidad ni el estado emocional promedio, y poco después la persona a la que le ha tocado dejará de verlo como algo excepcional.

Sesgo de *statu quo*. A causa de este sesgo cognitivo se tiende a favorecer las decisiones que mantienen el *statu quo*, es decir, el estado de cosas. Las personas afectadas por este sesgo eligen no desviarse de los comportamientos establecidos a menos que haya un incentivo convincente para cambiar.

33 CURIOSIDADES SOBRE EL CEREBRO

1. Contiene tantas neuronas como estrellas hay en nuestra galaxia, unos 100.000 millones. Si las pusiéramos en fila, recorrerían 1.000 kilómetros.

2. Es el único órgano del cuerpo sin receptores de dolor, cosa paradójica, pues es el encargado de procesar las señales de dolor de las demás partes del cuerpo.

3. Cuando dormimos, nuestro organismo disminuye su actividad, excepto el cerebro. El cerebro no descansa, no deja de estar encendido ni siquiera cuando perdemos la consciencia a causa de un golpe o una enfermedad.

4. Consume unas 300 calorías al día. Teniendo en cuenta que el cerebro representa solo el 2 por ciento del peso del cuerpo, es mucho.

5. Su estructura cambia a lo largo de la vida. El cerebro de

un niño, un adolescente, un adulto y un anciano no son iguales. El cerebro va renovándose y modificando su estructura en función de la edad.

6. Cada recuerdo tiene dos copias. Cuando memorizamos algo, la información se almacena en dos lugares distintos: la corteza prefrontal y el subículo. A medida que pasa el tiempo, la que se había almacenado en el subículo se pierde, pero la de la corteza prefrontal aguanta, dando lugar a la memoria a largo plazo.

7. Envía mensajes a 360 km/h. Tardamos tan poco tiempo en realizar una acción después de pensarla precisamente por la velocidad a la que el cerebro envía las señales.

8. El de los hombres y el de las mujeres es distinto. Esto explica que, en general, las mujeres sean más empáticas y los hombres se orienten mejor.

9. El 75 por ciento es agua. Gran parte de nuestro cuerpo es agua y el cerebro no iba a ser una excepción.

10. La mayor parte es tejido graso. Esto es debido a que las neuronas están recubiertas de vainas de mielina, que hacen que los impulsos nerviosos circulen más rápido, y están formadas en gran medida por grasa.

11. Tiene más de diez mil tipos de neuronas y cada uno está especializado en una función concreta.

12. No es cierto que utilicemos solo el 10 por ciento. Es una de las leyendas urbanas más extendidas en cuanto al cerebro. Ninguna zona del cerebro permanece inactiva, ni siquiera mientras dormimos, como hemos señalado.

13. Pese a tener sus pliegues característicos, no es una masa sólida. Su consistencia es similar al tofu o a la gelatina.

14. Solo el 15 por ciento de sus células nerviosas son neuronas, pese a que se suele decir que todas las células nerviosas

del cerebro son neuronas. Las células gliales son las células nerviosas más abundantes en el cerebro y se encargan de dar soporte estructural a las neuronas. Continúan creciendo después de la muerte.

15. Nunca deja de funcionar. Igual que ocurre con los otros órganos vitales, no puede dejar de funcionar en ningún momento, pues provocaría la muerte de la persona.

16. Una parte se dedica exclusivamente a reconocer caras. Reconocer caras tiene una importancia evolutiva muy grande, además de ser básico para las relaciones sociales.

17. No es cierto que el alcohol mate neuronas, pero sí las incapacita. El alcohol es un depresor del sistema nervioso que hace que las conexiones entre las neuronas no se realicen correctamente, lo que explica que surjan problemas para hablar y para coordinarse.

18. Como cualquier órgano, va envejeciendo y las conexiones neuronales cada vez son más débiles, lo que dificulta que funcione como lo hacía cuando era joven. Esto explica, por ejemplo, que a medida que uno se hace mayor, estudiar sea cada vez más complicado.

19. A mayor cociente intelectual, más se sueña. Se cree que quizá tiene que ver con una mayor actividad cerebral, que es especialmente elevada durante la noche.

20. Diferentes estudios demuestran que el estrés afecta al cerebro no solo a nivel anímico, sino también a nivel anatómico, pues hace que este reduzca (levemente) su tamaño.

21. Cuando nos reímos, piensa con mayor claridad. Los beneficios de la risa son bien conocidos: libera distintas hormonas que ayudan al cerebro a aumentar su actividad.

22. Los estudios demuestran que lesiones y traumatismos en

ciertas regiones del cerebro pueden hacer que cambiemos de personalidad.

23. Puede seguir funcionando sin alguna de sus partes. La capacidad de adaptación del cerebro es increíble. Podemos perder alguna de sus partes y que su actividad no se vea afectada, pues él mismo compensa la pérdida. Hay casos de personas que han perdido casi la mitad del cerebro a causa de un accidente y que, pese a ello, han sobrevivido.

24. La información no va siempre a la misma velocidad. Las neuronas están dispuestas de formas distintas y realizan conexiones diversas, por lo que la información no viaja a través de ellas siempre a la misma velocidad. Esto explica que a algunos recuerdos tengamos un acceso rápido, mientras que a otros nos cuesta más acceder.

25. La longitud de sus fibras da cuatro veces la vuelta a la circunferencia de la Tierra. El mapa cerebral revela que las diversas regiones del cerebro están conectadas por unos mil kilómetros de fibras que constituyen la sustancia blanca.

26. Tiene mejor capacidad de almacenamiento que una computadora.

27. Consume mucha más energía que órganos más grandes. Aunque el cerebro humano representa el 2 por ciento de nuestro peso, requiere el 25 por ciento del oxígeno que captamos para funcionar. Con la energía que genera, podría encenderse una bombilla de 20 vatios.

28. Es un gran economista. Cuando ha aprendido algo nuevo, activa un mecanismo de inhibición de estímulos innecesarios. Solo activa las partes requeridas y desactiva las que no utiliza.

29. El aprendizaje de habilidades como conducir comienza

desde la plena atención hasta llegar a hacerlo automáticamente, con un gasto de energía mínimo.

30. Es un maestro en estadísticas. Hace predicciones sobre el mundo basadas en un modelo interno, infiriendo la mejor conjetura acerca de cómo interpretar lo que está percibiendo. Este mecanismo se denomina «procesamiento o codificación predictiva».

31. Se generan 1.400 neuronas nuevas en 24 horas: la neurogénesis. El aprendizaje genera cambios funcionales y estructurales en las cadenas neuronales. Cada uno de nosotros tiene la capacidad de crear nuevas conexiones neuronales cambiando hábitos para buscar nuevas experiencias.

32. Es opaco. Sus células están envueltas en grasa y otros compuestos que impiden el paso de la luz. Por esa razón, Ramón y Cajal tuvo que teñir las neuronas para visualizarlas.

33. En la Antigüedad, los médicos creían que estaba compuesto de flema. Los antiguos egipcios momificaban el cuerpo de los difuntos y desechaban el cerebro porque lo consideraban una víscera de segunda categoría. Las civilizaciones preincaicas practicaban la trepanación: realización de un agujero en el cráneo con fines terapéuticos. En plena cultura helénica dudaban si los pensamientos se alojaban en el cerebro o en el corazón. Aristóteles creía que el cerebro servía para enfriar el calor emitido por el corazón.

En la Edad Media, en Europa, se creía que las enfermedades mentales se originaban por las protuberancias cerebrales o «piedras de la locura», que extirpaban realizando un corte en el cráneo. Antes del Renacimiento, los anatomistas sostenían que en el cerebro había espíritus animales y vapores misteriosos que hacían remolinos.

SEGUNDA PARTE

NEUROQUÍMICA DE LA FELICIDAD

4

LAS CUATRO MAGNÍFICAS

Recuerda: **somos una combinación de química y actitud.** Nuestras neuronas transmiten la información a lo largo de todo el cuerpo y desarrollan múltiples conexiones para que podamos realizar las operaciones mentales y reacciones físicas y emocionales que nos ayudan a vivir. Se comunican entre ellas a través de impulsos de actividad eléctrica, y en esas descargas intercambian sustancias.

Esas sustancias químicas son **los neurotransmisores,** los neuroquímicos. A continuación voy a desvelarte el misterio de los principales neuroquímicos que intervienen en nuestra salud mental y emocional. Las Cuatro Magníficas, como me gusta llamarlas, son las responsables de gran parte de lo que permite que tengamos una buena vida:

1. **Endorfinas**
2. **Serotonina**
3. **Oxitocina**
4. **Dopamina**

Estos neuroquímicos no trabajan solos. Interactúan con el cortisol, la melatonina, la adrenalina, la noradrenalina, el gaba, la acetilcolina, el glutamato, la histamina, la taquicinina, los péptidos opioides, el ATP y la glicina.

Veamos cómo funciona cada uno de ellos y cómo afectan a nuestro bienestar.

LAS ENDORFINAS

Las disfrutonas. Son importantes para nuestro bienestar emocional y nuestra salud. Se generan en el organismo de manera natural a partir de la alimentación y otras acciones y hábitos de vida. Tienen efecto analgésico, proporcionan tranquilidad y buen humor.

Se las ha conocido siempre como **«la hormona de la felicidad»**, pero, después de los últimos descubrimientos, yo la llamo la hormona del bienestar, de la calma y del sentirse bien. Una sensación muy endorfínica sería esa que tenemos después de haber hecho deporte: estamos relajados, a gusto con nuestro cuerpo y nuestra mente. Las endorfinas también tienen capacidad de limpiar pensamientos tóxicos y obsesivos, por eso nos ayudan mucho en nuestro estado emocional y en nuestra salud mental.

Por otro lado, es una sustancia que el cuerpo produce para reaccionar al dolor y aliviarnos o aumentar el umbral de aguante. Y no solo al dolor físico, sino también al emocional. **Ayuda a regular el estado de ánimo y las emociones en momentos vitales difíciles y en nuestro día a día.** Por eso cuidar de nuestras endorfinas es muy importante.

CONOCE LAS ENDORFINAS

Las endorfinas actúan como neurotransmisores y neuromoduladores del dolor y de la forma en que lo percibimos, y afectan a la temperatura corporal, la función reproductiva, el estado de ánimo y las respuestas a estímulos estresantes.

Se trata de **proteínas naturales** que produce nuestro cerebro y que **tienen un efecto analgésico** similar al de los opiáceos como la morfina, la heroína y la codeína. Sin embargo, no tienen los efectos secundarios que estas y otras drogas provocan en el sistema nervioso.

Para prevenir la deficiencia de endorfinas puedes hacer ejercicio, tener relaciones sexuales o consumir alimentos ricos en omega 3. Las endorfinas también pueden liberarse ante la presencia de estímulos agradables y de ciertos alimentos, como el chocolate; también por el ejercicio físico.

Las endorfinas se localizan en el sistema nervioso central y se sintetizan en el cerebro. En concreto, las producen dos áreas cerebrales: **la hipófisis y el hipotálamo.** Allí las endorfinas encuentran los receptores, a los que se unen para transmitir su mensaje químico neuronal. Se liberan, se unen a los receptores y producen sensación de placer, euforia, analgesia y bienestar.

BENEFICIOS DE LAS ENDORFINAS

- **Sexualidad.** Las endorfinas ayudan a liberar hormonas sexuales y, según algunos estudios, también influyen en la vinculación romántica entre las personas. En el orgasmo se liberan muchas endorfinas, aportando placer.
- **Analgésico.** Esta sustancia es nuestro analgésico natural. Actúa como morfina para calmar el dolor e inhibirlo.

- **Emociones.** Además de reducir el dolor físico, las endorfinas también calman el dolor emocional y regulan nuestro estado de ánimo aportando calma, mejorando el humor y contrarrestando la ansiedad y la depresión. Por ello, un nivel bajo de esta sustancia conlleva sensación de tristeza.
- **Protección.** El estado de ánimo en el que influyen las endorfinas también tiene consecuencias, a su vez, en el sistema inmunitario de nuestro cuerpo. Así, las endorfinas también ayudan a fortalecer este sistema a través de las emociones.
- **Memoria.** Además, ayudan a la memoria y a la atención.

Los principales **efectos de la falta de endorfinas** son la baja energía, la baja tolerancia al dolor y un pensamiento colapsado y obsesivo. Por ello, una persona con déficit de endorfinas normalmente tendrá más dificultad para activarse, para sentir su cuerpo con vitalidad, bienestar, y para disfrutar del día a día. Puede hacernos llegar a padecer desequilibrio emocional y depresión.

Por eso, para evitar llegar a ese punto, una de las formas de prevenir la deficiencia de endorfinas es consumiendo ciertos tipos de alimentos que ayudan a que nuestro cerebro libere esta sustancia. Veamos algunos:

- **Omega 3.** Los alimentos ricos en este ácido graso esencial favorecen la producción de endorfinas. De hecho, la carencia de este ácido está relacionada con la depresión. Por ello, debemos incluir en nuestra dieta alimentos como el pescado o algunos frutos secos con alto contenido en omega 3 para ayudar a nuestro cerebro a sintetizar endorfinas.

- **Vitamina B.** La carencia de este grupo de vitaminas implica también una carencia de endorfinas. Por ello, para evitar sentirnos cansados e irritables, debemos consumir alimentos ricos en vitamina B. Además, estos intervienen en la formación de glóbulos rojos, ayudan al sistema nervioso y a la salud cerebral. Ejemplo de estos alimentos son carnes, pescados, hígado y huevos.
- **Zinc.** Los alimentos con zinc ayudan a la comunicación celular y evitan alteraciones como la depresión y la ansiedad. Este componente también es fundamental para la producción de endorfinas. Por ello, puedes incluir en tu dieta alimentos como carnes rojas, almejas y ostras.
- **Picante.** Sí, el picante también previene la falta de endorfinas. Para el cerebro, la sensación de picante es similar a la de dolor. Por ello, la reacción natural es la liberación de endorfinas para tratar de calmar esa sensación.

Pero la comida no es la única forma de estimular a las endorfinas. También la forma en que actúas influirá en ellas. Por eso, siempre vendrá bien que te concentres en estas actividades:

- **Ejercicio aeróbico.** Además de beneficiar tu salud física, el cuerpo producirá endorfinas durante y después del entrenamiento y aliviarán el estrés para hacerte sentir más bienestar y tranquilidad.
- **Sexo.** Es una de las actividades más eficaces para la liberación de endorfinas, que influyen en la reproducción y en los estímulos placenteros. Por ello, el sexo

aumenta la producción de endorfinas. De hecho, es una de las actividades más efectivas para prevenir su carencia.

- **Relajación.** La meditación, los masajes y otras actividades relajantes ayudan a aumentar los niveles de endorfinas.
- **Cariño.** Las muestras de cariño, tales como un beso o un abrazo, también ayudan a generar endorfinas y otras sustancias que, a su vez, nos aportan mayor placer, bienestar y felicidad.
- **Reírse.** Está demostrado que la risa favorece la liberación de endorfinas y, por lo tanto, nos hace sentirnos más felices.
- **Dormir.** Para la producción de endorfinas es esencial seguir unos buenos hábitos de sueño. Dormir bien y descansar nos hace afrontar el día con mejor humor.

Aunque te parezca contradictorio, según un estudio publicado por investigadores de la Universidad de Oxford, **ver películas tristes aumenta los niveles de este químico.** «Aquellos que tuvieron la mayor respuesta emocional también experimentaron un incremento superior en el umbral del dolor y en el sentimiento de unidad con el grupo», dijo a la BBC Robin Dunbar, profesor de Psicología Evolutiva de la Universidad de Oxford y principal autor del estudio.

OTRA FORMA DE LIBERAR ENDORFINAS
ES RECORDAR BUENOS MOMENTOS
O HACER PLANES PARA EL FUTURO.

Es importante señalar que las endorfinas son diferentes de la adrenalina. Esta se estimula cuando estamos expuestos a situaciones de emergencia o en deportes extremos donde la vida corre un alto riesgo.

Las endorfinas se estimulan con ejercicio moderado y variado. Si repetimos siempre la misma rutina, lo más seguro es que necesitemos cada vez mayor exigencia física para obtener la misma cantidad de este químico. Es recomendable hacer diferentes ejercicios. Las rutinas de estiramiento son estupendas para liberar endorfinas.

La risa estimula las endorfinas debido a las convulsiones internas que sufre el cuerpo al reírse; además, libera las tensiones y temores. No hay nada más desestresante que disfrutar un poco de humor después de un momento de crisis. El llanto también las libera por los movimientos musculares alrededor del diafragma; pero es mejor que busquemos actividades placenteras que nos hagan reír en vez de llorar.

LA SEROTONINA

La feliz. La serotonina se conoce también como **«neuroquímico de la felicidad».** Funciona asimismo como una hormona y es sintetizada por las neuronas del sistema nervioso central. Su principal función —además de mantener el estado de ánimo— es regular la actividad de otros neurotransmisores. Por este motivo está implicada en el control de muchos procesos fisiológicos distintos: **regula la ansiedad y el estrés, la temperatura corporal y los ciclos de sueño; controla el apetito y la digestión; incrementa o reduce el deseo sexual.**

LA SEROTONINA ES COMO UNA DIRECTORA GENERAL DE NUESTRA FELICIDAD, Y COORDINA A LOS OTROS DIRECTORES RESPONSABLES DE NUESTRO BIENESTAR FÍSICO Y EMOCIONAL.

Es una sustancia química que produce nuestro cuerpo, pero necesita de un aminoácido externo que proviene de la alimentación: el triptófano. La serotonina funciona como neurotransmisor y hormona enviando señales a todo el cuerpo. Su producción está centrada en el cerebro y en el intestino, y es clave para evitar la depresión.

«En las últimas cuatro décadas, la pregunta de cómo manipular el sistema serotoninérgico con medicamentos ha sido un área importante de investigación en la biología psiquiátrica, y estos estudios han llevado a avances en el tratamiento de la depresión», escribió en 2007 Simon N. Young, entonces redactor jefe del *Journal of Psychiatry and Neuroscience*.

Diez años después la depresión se posicionaba como la principal causa de discapacidad en el mundo, según la Organización Mundial de la Salud (OMS). Este desorden mental afecta a más de 300 millones de personas.

El cerebro tiende a pensar en lo que le preocupa, es un sesgo de nacimiento. Es un defecto de serie, pero no es tan errático como parece, lo hace por estar alerta de si hay algún peligro. Es nuestro cerebro más primitivo, que al estar conectado con los otros dos, el emocional y el racional, desencadena una secuencia en cascada, produce emociones desagradables, estados de alerta y pensamientos obsesivos por preocupaciones que no merecen tal energía ni obsesiones con cosas que nunca ocurrirán. Tampoco nos conviene entretenernos en pensar en aquello que tanto daño nos hizo hace un lustro.

Creemos que cuanto más lo pensemos, más nos liberamos. ¡Es un gran error!

Cuando pienses, piensa bien, para construir, para llegar a una solución o para tomar una decisión, pero piensa conscientemente, no quemes tu energía mental. Y si quieres pensar y no sabes cómo, reconduce tu pensamiento a recuerdos, a momentos de tu vida felices o a situaciones inventadas que recrees en tu mente y te hagan sentir bien. Esto es medicina para tu cerebro, para tu salud mental y para tu bienestar general.

Uno de los síntomas de la depresión es que las personas no pueden recordar momentos felices. Mirar fotos o hablar con un amigo de recuerdos agradables compartidos puede ayudar a refrescar la memoria y activar la química que necesita el cerebro para recuperarse.

Como seres sociales, tenemos tendencia a vivir en grupo. Esto que parece tan primitivo no lo es, porque en el ser humano existe la necesidad de ser reconocido y de tener sensación de pertenencia, de destacar por alguna fortaleza o conocimiento. Estas sensaciones de reconocimiento y valía por parte del entorno configuran nuestro interior desde muy pequeños y se traducen en el cerebro en la estimulación de serotonina y una sensación de felicidad y estabilidad.

Ser reconocido por algo es una sensación de placer interno que nos motiva de manera constructiva a seguir aprendiendo. Reconocernos a nosotros mismos va más allá de la simple autorreflexión, requiere que sepamos darnos cuenta de nuestra valía, apreciarla y no dar por normal algo valioso en nosotros, y además compartir nuestros logros en el entorno. No se trata de presumir ni de narcisismo, ni de querer humillar a otros para quedar bien. Esto sería un problema. Reconocer los logros y compartirlos con los demás es el disfrute de compartir una alegría con quien te quiere; esto se multiplica y se convierte en más alegría. La clave está en elegir con quién compartir relaciones saludables y nutritivas que aporten, al tiempo que nosotros seamos nutritivos para los demás.

La serotonina es la molécula de la felicidad, implica el buen humor, sentir bienestar emocional, por su importante papel en la regulación del estado de ánimo.

PIENSA EN COSAS FELICES

La serotonina se mueve por todo el cuerpo y tiene diversas funciones según dónde se localice. Fluye cuando te sientes importante: tanto es así que el sentimiento de soledad e incluso la depresión son respuestas químicas a su ausencia.

La estrategia más simple para aumentar el nivel de serotonina es pensar en recuerdos felices. Se sabe que recordar hechos felices del pasado beneficia y activa nuestro cerebro de manera positiva, produciendo más conexiones neuronales y fortaleciendo su funcionamiento. Además de ser una tarea entretenida y preciosa, tiene unos efectos muy beneficiosos en nuestro organismo.

Hay varias cosas que podemos hacer para potenciar la producción de esta hormona que tantos beneficios nos aporta:

- **Comer triptófano.** El triptófano es un aminoácido presente en diferentes alimentos. Las legumbres son una buena fuente, aunque también lo son el pollo, la leche, las nueces, la miel, el tofu, la soja y el cacahuete.
- **Exponerse a la luz del sol de manera controlada y con protección.** Tomar el sol, recibir ese calor, esa energía

durante 10-15 minutos al día es muy saludable para nuestra salud mental. Además de dar energía, ayuda a sintetizar la vitamina D, tan implicada en nuestros procesos de equilibrio emocional y cuadros afectivos, emocionales o depresivos.

- **Recibir masajes** es muy saludable, es una forma de centrar la atención en el tacto, y esa atención plena hará que la mente pensante descanse y se ralentice. Prueba a ir a darte un masaje en la cabeza o a la peluquería. Si te centras en el placer de sentir, podrás aliviar tensiones. Y, además, el contacto de piel con piel activará también la producción de oxitocina, si el masaje es placentero producirá dopamina y endorfinas, y si sales contenta y agradecida de la experiencia producirás serotonina: un pack infalible de prevención en equilibrio y salud emocional.
- **Reducir el estrés (distrés) del día a día.** Hay que dejar un espacio en la agenda solo para descansar. No podemos llegar a descansar porque ya estamos cansados. Es necesario dejar un espacio inamovible para hacer una actividad de relax y que nos baje cualquier tensión. No sirve de nada que en ese tiempo libre nos pongamos a pensar qué podemos hacer, qué está pendiente. Eso no ayuda, porque las tareas de la vida son infinitas. Ordena tu agenda de manera que tengas espacio para hacer y espacio para descansar.
- **Aprovechar las horas de luz.** En verano es especialmente fácil beneficiarse de la luz, aunque también podemos hacerlo de varias formas en invierno. Dar paseos por la mañana, trabajar al lado de una ventana y realizar actividades al aire libre nos ayudarán a mejorar los niveles de serotonina.

- **Activar el cuerpo.** El deporte tiene un efecto antidepresivo. Está demostrado científicamente. Hacer entre 30 y 45 minutos de ejercicio diario conlleva mayores sensaciones de felicidad. Si es en la naturaleza, mejor. El contacto con la naturaleza es muy curativo para el cuerpo. Dar un paseo observando lo que vemos, enfocando la mirada al frente, estando atentos a lo que olemos, a lo que oímos, el chasquido de nuestras pisadas, los pájaros, el viento, una fuente de agua... Disfrutar de esta experiencia hará disminuir los niveles de cortisol y estimulará los de serotonina.

- **Tomar café por la mañana** (si te sienta bien y no te sobreexcita). La cafeína, dentro de niveles normales, influye en el aumento de serotonina en el cerebro. Es especialmente efectiva por la mañana.

- **Regular las horas de sueño.** Entre siete y nueve horas de sueño son las que necesitamos para descansar. La falta de sueño o su exceso tienen efectos negativos sobre el neurotransmisor y, además, aumentan la tristeza y la irritabilidad.

- **Practicar técnicas de relajación y meditación,** como el yoga —que implican respiración, atención plena al cuerpo, escuchar al corazón y meditación con mensajes de amor y amabilidad—, hace que tu cuerpo y tu mente se sientan en conexión más allá de lo físico y entren en juego el alma y lo trascendente, y te lleven a sentir paz, unión, armonía y amor por la vida. Esto es pura medicina. La mente sabe cuándo se cuida el cuerpo y lo recibe como un chute de cariño que produce serotonina; por eso es importante aplicar el autocuidado, la amabilidad y el autoamor en el día a día.

LA DOPAMINA

La dopamina es **el neurotransmisor responsable de las sensaciones placenteras** por excelencia. Es el neuroquímico que va a toda velocidad, se le podría dar el apodo de la Rapidilla. Está involucrada en la coordinación de los movimientos musculares, en la toma de decisiones y en la regulación del aprendizaje y la memoria. Lo más curioso (por cierto, sin dopamina no sentiríamos curiosidad) es que no hace ni un siglo que se descubrió su papel como neurotransmisor. También nos estimula a buscar actividades agradables y placenteras. Según algunas investigaciones, es la responsable de los sentimientos de euforia cuando nos enamoramos. Además de todas estas funciones relacionadas con las emociones, la dopamina es muy importante para la función motora del organismo. Como fármaco, se utiliza en el tratamiento de dolencias como la enfermedad de Parkinson.

La dopamina **suele describirse como la responsable del amor y la lujuria, pero también de las adicciones.** Por eso se dice que es la mediadora del placer. Según el investigador Thorsten Kienast, de la Clínica Universitaria Charité de Berlín, «la cantidad de dopamina es diferente en cada persona». Su déficit puede producir depresión, desinterés, párkinson e, incluso, predisposición a diferentes adicciones.

Segregamos dopamina solo con ver cosas que en momentos de nuestra vida nos han ayudado, aliviado, nos han hecho sentir bien y han cubierto una necesidad. Si una vez segregaste dopamina al beber un gran vaso de agua que te calmó la sed, solo necesitarás la imagen de otro gran vaso y se dispararán los niveles de este neurotransmisor aquí y ahora.

Nuestro cerebro aprende con la experiencia y vamos creando de manera inconsciente nuevas rutas de aprendizaje alternativas, con la finalidad de adaptarnos. La dopamina nos hace olvidar el dolor y el miedo y, aunque solo sea por unos instantes, nos sentimos en la cima del universo.

Es algo así como una euforia transitoria en la que sientes que podrías hacer casi cualquier cosa. La mala noticia es que, aunque todos los días descubriéramos algo nuevo, no volveremos a sentir exactamente las mismas sensaciones que la primera vez, ya que a todo nos habituamos. ¿Alguna vez has sido incapaz de sentir satisfacción a pesar de haberlo intentado, como en la célebre canción de los Rolling Stones (*I Can't Get No*) *Satisfaction*? Y ¿quién no? Por eso seguimos buscando aquello que nos vuelva a hacer vibrar.

Ahora sabemos que la incertidumbre que precede a cualquier gratificación también nos hace segregar una buena dosis de dopamina, esa sustancia química que, entre otras cosas, se encarga de nuestra motivación. La espera que precede a la admisión en el trabajo que tanto ansías, o la nota de un importante examen que no acaba de salir, te mantienen en un limbo de agradable incertidumbre.

Las drogas son también estimulantes en la secreción de dopamina. Producen la misma euforia que obtendrías al participar en una competición de triatlón sin necesidad de hacer ningún esfuerzo, y ahí radica su peligro: su efecto es más potente que las formas naturales. Generan euforia a corto plazo, pero con el paso del tiempo solo traen problemas, pues obtienes la excitación del logro sin haber logrado nada. Demasiado fácil, ¿verdad? Fácil y peligroso.

La adicción a la cocaína, por ejemplo, puede dañar los receptores de dopamina en el cerebro y disminuir su liberación, lo que altera estos circuitos de manera engañosa, puesto que las adicciones en un primer instante son muy dopaminérgicas, pero luego van destruyendo estos receptores al tiempo que la persona necesita continuamente esa sustancia para sentirse bien.

Podemos observar el mismo efecto en las adicciones de nuevo cuño: las redes sociales, en cuya actividad también tiene que ver la dopamina. Parece que vivimos en la sociedad de la recompensa inmediata, de la satisfacción de todos y cada uno de nuestros deseos. ¡Y cuanto antes! Estamos siempre disponibles y el móvil se ha convertido en una prolongación de nosotros mismos.

El estrés, la falta de sueño, el exceso de grasas saturadas y la obesidad podrían conducir a un descenso de esta hormona del placer, y un déficit de dopamina puede producirnos sensación de debilidad, falta de ilusión, desinterés e incluso depresión.

Sin embargo, dar el primer paso hacia un objetivo y llegar a cumplirlo genera un aumento de dopamina y, como consecuencia, placer y recompensa en el cerebro. Lo interesante de ponerse objetivos a corto plazo —modestos, por así decirlo— a la hora de conseguir un sueño es que se ha demostrado que la dopamina se dispara tanto cuando uno da el primer paso rumbo a un objetivo como cuando lo cumple.

También se dispara en hechos de la vida cotidiana si nos hacemos conscientes de ellos, como encontrar un hueco para aparcar el coche o algo más excepcional como un ascenso laboral.

LA MEJOR FORMA DE ELEVAR LA DOPAMINA
ES ESTABLECER OBJETIVOS A CORTO PLAZO
O DIVIDIR EN PEQUEÑAS METAS LOS OBJETIVOS
A MÁS LARGO PLAZO Y CELEBRAR
CUANDO UNO LOS CUMPLE.

Celebrar conscientemente es muy sano para elevar tu dopamina y sentir placer de una manera saludable. Me refiero a celebrar la vida, desde la suerte de encontrar aparcamiento hasta la de que tus hijos tengan salud. Celebrar que es viernes, que se ha finalizado un proyecto de equipo, un cumpleaños. A fin de cuentas, celebrar la vida, que no es poca cosa y es mucho más saludable, práctico y útil que quejarnos de ella.

Así que, para generar dopamina, empieza a:

- **Evitar el abuso del azúcar.** El dulce, aunque produce un subidón rápido, a largo plazo interrumpe la captación normal de este neurotransmisor y hace que sea menos sustentable. La mayoría de las sustancias adictivas alteran los circuitos de dopamina y pueden estimular demasiado el sistema reforzando su consumo y llevarnos a la adicción. Posiblemente te apetezca chocolate con mucho azúcar, pero luego tu estado de ánimo subirá, bajará de la misma manera y tu intestino se sentirá un poco agredido. Si lo necesitas, busca recompensa de azúcar sano. Para cuestiones alimenticias, recomiendo consultar los libros y las webs de nutricionistas como @blancanutri, de Blanca García-Orea Haro.
- **Cooperar con los demás en lugar de competir.** Estudios de imágenes cerebrales han comprobado que la cooperación, la reciprocidad y las recompensas sociales activan áreas como el estriado ventral, donde se reciben grandes cantidades de dopamina.
- **Escuchar tu canción favorita.** Esto puede dibujarte una sonrisa, aunque estés teniendo un día de perros. La música potencia las emociones. El intenso placer que experimentamos al escuchar música provoca que nuestro cerebro segregue dopamina. Algunos análisis han

revelado que los niveles se incrementaban al escuchar el momento cumbre de la canción o melodía, cuando la música nos hace estremecer y experimentamos algo parecido a un escalofrío. ¿A qué estás esperando para poner tu canción o para tocarla tú mismo?

- **Practicar la gratitud.** La gratitud puede ayudarnos a generar más dopamina. Se ha demostrado que las personas agradecidas tienen mayores niveles de felicidad. Sentirnos agradecidos por lo que hemos conseguido, por lo que tenemos, por lo que otros han hecho o hacen por nosotros, por la vida, por nuestra familia. La gratitud es una forma de mirar y afrontar nuestra realidad que nos acerca a los que más queremos. ¡Practica la gratitud y potencia de forma natural tus niveles de dopamina!
- **Disfrutar de los pequeños placeres de la vida.** Quizá parezca demasiado obvio, pero no todos se permiten este lujo. Qué agradable sensación es encontrar lo que andábamos buscando o lo que encaja con nuestras necesidades del momento.
- **Mantener los niveles de estrés a raya.** Unos niveles razonables de estrés pueden ser beneficiosos, pero nunca prolongados demasiado en el tiempo, pues el estrés crónico puede tener unas consecuencias devastadoras para el cerebro. Detecta cuándo las exigencias externas se multiplican y tú no dispones de suficiente tiempo para realizarlas. Ponle remedio con alguna actividad que te permita desconectar. Salir a dar un paseo por la naturaleza o practicar algún deporte para respirar aire puro pueden ayudarte a darle un nuevo enfoque a la situación estresante.
- **Comer alimentos que incrementan tus niveles de dopamina.** La forma que tiene nuestro cuerpo de

producir dopamina no es debido al consumo directo de alimentos con dopamina, sino mediante la síntesis del aminoácido tirosina y de fenilalanina (que, mediante una reacción, se transforma en tirosina). Por eso, para estimular la secreción de este neurotransmisor hay que aumentar el consumo de alimentos ricos en tirosina: chocolate, sandía, almendras, plátanos, aguacates, carne, té verde, lácteos, arándanos, soja y derivados. Cada una de nuestras células (incluidas las neuronas) transforman los nutrientes que ingerimos en sustancias utilizables para realizar sus funciones. Los alimentos ricos en antioxidantes también contribuyen a la formación de este tipo de neurotransmisor, ya que su labor es neutralizar los radicales libres que producen daño a nuestras células. Conviene llevar una dieta rica en frutas y verduras.

- **Marcar objetivos, conseguirlos y celebrar logros presentes y pasados.** Cuando nos organizamos y vamos cumpliendo con aquello que nos habíamos propuesto se incrementan nuestros niveles de dopamina. Hay que tener en cuenta que las grandes cosas siempre llegan a través de pequeños pasos. Así que ya sabes, trata de terminar aquello que empiezas. Hasta los logros que consideres más insignificantes pueden ayudar a generar dopamina de forma natural. Tus niveles aumentarán al tachar una tarea cumplida en tu agenda.

- **Hacer repaso de lo que se ha conseguido** (no de lo que no se tiene). Es clave valorar lo que has hecho, los estudios que has aprobado, la familia que has creado, las amistades que has forjado, los logros profesionales, la superación de circunstancias vitales, los kilos que has bajado porque te lo propusiste, el deporte que aprendiste, etcétera. Seguro que tienes más logros y mucho más importantes de los que crees. La sensación de logro es el mayor potenciador de dopamina. El ser humano es el mamífero que tiene la corteza prefrontal más desarrollada, y tiene capacidad de organizar planes y proyectos. Por eso la dopamina entra en juego para facilitarnos la organización de nuestros logros. Los retos tienen que ser equilibrados con nuestras capacidades, no pueden ser tan fáciles que nos terminen aburriendo y baje la producción de dopamina; ni pueden ser tan difíciles que generen ansiedad y por lo tanto estimulen el cortisol, la hormona del estrés.

- **Dormir lo suficiente.** La dopamina juega un papel muy importante en la regulación del sueño. Hay que dormir un mínimo de 7 horas al día (8 sería lo ideal). La privación del sueño produce déficits cognoscitivos y nos afecta negativamente.

- **Establecer rutinas y horarios.** Es lo de siempre, pero no hay que subestimarlo. Con unos buenos horarios y respetando los ciclos de luz-oscuridad, se puede mantener un orden que seguro que es mucho más beneficioso que una vida caótica. Seguir una rutina es similar a crear una lista y cumplir cada paso. Cuando dominamos una rutina, la dopamina nos recompensa con sensaciones de placer o evitación del dolor.

- **Practicar yoga.** El yoga favorece la producción de dopamina, según John Harvey, profesor clínico asociado de Psiquiatría de la Universidad de Harvard.

- **Cultivar la curiosidad.** La curiosidad nos mueve a la exploración, la investigación y el aprendizaje. Es un tipo de motivación intrínseca que nos empuja a buscar respuestas a las cosas que no conocemos.

- **¡Enamórate!** Escáneres cerebrales indican que cuando un enamorado mira la foto de su pareja produce una fuerte activación de su circuito del placer y segrega mucha dopamina.

- **Dejar que la vida nos sorprenda para bien.** ¿Dónde están esas sorpresas? En la vida, en un amanecer, en un beso, en una imagen entrañable de la calle, en un párrafo de un libro, en una llamada, en el museo, en el cine o en una ruta en coche por lugares nunca vistos. Abre tu mirada, ábrete a lo cotidiano no apreciado y aventúrate por lo accesible pero desconocido. Un halago, un chapuzón en el mar, mirar antiguas fotos, un ramo de flores, un baño relajante con aceites aromáticos y muchas burbujas, un buen libro, planificar un proyecto, mirar por la ventana mientras llueve, cantar bajo la ducha o bajo la lluvia, asistir al último concierto de Coldplay en tu ciudad. ¿Cuáles son tus pequeños placeres?

LA OXITOCINA

La sociable. Se conoce como **«la hormona del amor»**. Está muy presente en el momento del parto y la lactancia y, además, tiene un papel de neurotransmisor y está involucrada en todas las relaciones humanas. Por ejemplo, en comportamientos relacionados con la confianza, la empatía, la generosidad, la formación de vínculos y la compasión. Su presencia interviene también en la regulación del miedo.

Se produce de forma natural cuando hablamos con amigos o personas que nos quieren y ante expresiones de afecto. ¡Hay que pasar tiempo con las personas a las que queremos y que nos quieren!

Por estar relacionada con el desarrollo de comportamientos maternales y con los apegos, se la suele llamar «la hormona de los vínculos emocionales» y «la hormona del abrazo». El primer lazo lo construye en el momento del nacimiento y es la primera dosis de oxitocina que experimenta nuestro cerebro. Las relaciones no son solo útiles para la felicidad, sino también para la salud física y emocional. Muchos son los estudios que aportan conclusiones sobre los grandes beneficios de estar conectados con un ser vivo.

Según uno publicado en 2011 por el obstetra y ginecólogo Navneet Magon, «la vinculación social es esencial para la supervivencia de las especies (la humana y algunas especies animales), ya que favorece la reproducción, la protección contra los depredadores y los cambios ambientales, e impulsa el desarrollo cerebral».

Aunque desafortunadamente la oxitocina no se encuentra en los alimentos, existen investigaciones sobre algunos alimentos que podrían estimular su producción: romero, eneldo, tomillo, perejil, hinojo, hierbabuena, chocolate y leche animal. Pero hay muchas otras cosas que puedes hacer para facilitar su producción:

- **El contacto físico.** Un simple abrazo puede elevar los niveles de oxitocina en el cuerpo. También el sexo, dar o recibir un regalo, un detalle para el que no es necesaria la excusa de un gran logro o la celebración de un aniversario. Lo que desata la liberación de oxitocina es el hecho de pensar en la otra persona con cariño y con ganas de agradarle.
- **Ten mascotas.** Si una persona no tiene la posibilidad de convivir o tener una conexión continuada con otra, un gran aporte de oxitocina se puede recibir en el contacto

con las mascotas, que además de ser una gran compañía, son un gran aporte de emociones positivas.

- **Masajes.** Otra agradable manera de estimular este neuroquímico es a través de los masajes, que pueden tomarse en un spa o simplemente aprender a hacerlo siguiendo las técnicas de automasaje.

- **Las palabras de aliento.** Cuando alguien nos hace un cumplido, nos anima o nos consuela, nos sentimos bien, encontramos calma y bienestar. Esto nos hace sentir queridos y valorados. De la misma forma, ser nosotros quienes apoyamos a los demás y les infundimos ánimo y apoyo también revierte en nosotros mismos, porque producimos oxitocina. Las palabras son una poderosa arma para sentirnos bien y hacer sentir bien a los demás. Pueden transmitir bondad, compasión y amor. Nos conectan y son un pilar fundamental en nuestras relaciones sociales.

- **Escuchar a los demás.** Es una forma increíble de aumentar la oxitocina. Todo el mundo quiere sentirse reconocido. A todos nos gusta saber que somos comprendidos, aceptados, avalados. Es otro componente esencial en nuestros vínculos cotidianos.

- **No practiques la multitarea,** a no ser que sea estrictamente necesario y vital, y de manera muy consciente y puntual. Y no lo hagas por tu cerebro, por tu estrés, por tu oxidación neuronal, pero tampoco lo hagas especialmente cuando alguien requiera tu atención. Ofrécete a la persona que te está hablando con total apertura, la sintonía será muy gratificante para tu neuroquímica y la de tu interlocutor.

- **Meditación.** La meditación relaja cuerpo y mente. Nos permite estar en calma y equilibrio, reduciendo el estrés. La palabra «meditación» viene del latín *medita-tio* que se refería a un tipo de ejercicio intelectual. Es un valioso instrumento para apagar los miedos y liberar oxitocina.

- **Ejercicio físico.** No solo sirve para mantener el cuerpo sano, también hace que aumenten las endorfinas y la oxitocina. Además, la sangre se oxida y llega con mayor impulso y facilidad al cerebro y a otras partes del cuerpo. Para hacer ejercicio y obtener todos estos beneficios no hace falta ir al gimnasio ni salir a correr o a montar en bicicleta si no se desea o no se puede. Salir a caminar o hacer ejercicio moderado en casa es suficiente.

- **Llorar.** El llanto actúa como liberador de nuestras emociones, disminuye el estrés y el cortisol y aumenta los niveles de oxitocina. Muchas veces acumulamos emociones que se nos quedan atrapadas en el cuerpo, en el plexo solar (boca del estómago), y a veces este se convierte en un basurero emocional de tristeza, rabia y miedo principalmente.

  El llanto es un gran liberador, relaja el diafragma, abre los pulmones, oxigena los tejidos, libera la tensión muscular, limpia las emociones que nos causan daño y de otra forma se quedarían enquistadas, produce calma, paz, relajación, y hace que podamos ver con más claridad a través de ese cristal que teníamos empañado.

- **Ser generoso.** Nos sentimos bien cuando hacemos el bien a los demás, pero para esto es importante comenzar por uno mismo. Cuando nos sentimos realizados y cuidados, podemos dar, y ese acto de dar desde el corazón y la entrega y desde la abundancia te vuelve a recargar. ¿Lo has probado alguna vez? Ofrecer nuestro tiempo a los demás de forma desinteresada hace florecer la gratitud y la conexión liberando grandes dosis de oxitocina.

CURIOSIDADES SOBRE LOS ABRAZOS

Antes de terminar este apartado, vuelvo un momento al primer punto de la oxitocina: el contacto físico y los abrazos, porque creo que en estos tiempos que corren es importante hablar de ello.

Muchas de las alteraciones emocionales que se están produciendo son consecuencia de la incertidumbre y el miedo, pero también de la ausencia de contacto, porque nos hemos alejado de las relaciones sociales en estos últimos años. Es muy posible que algunas de estas relaciones nos produjeran cierto estrés, pero otras nos generaban placer y las necesitamos para vivir.

Por eso, quiero hacer un homenaje a los abrazos y te propongo una serie de alternativas para que sigas estando en contacto, que vayas perdiendo el miedo si lo sigues teniendo y que no te aísles.

Es necesario seguir adaptándonos a la supervivencia y seguir entendiendo la necesidad vital que tienen nuestro cerebro y nuestras funciones vitales de estar en conexión con otros. Aunque suene paradójico, aquello que en ocasiones sientes que te «quita la vida» y te trae quebraderos de cabeza es de las cosas más esenciales que necesitas para vivir. Necesitas a los otros, pero para eso necesitas una buena relación contigo mismo. (Puedes consultar mi libro *Vidas en positivo*).

Vivimos en una época en la que todo va muy rápido, la información, la accesibilidad a cualquier compra, a cualquier persona a golpe de tecla, y nuestro cerebro parece estar preparado, pero no es lo que el equilibrio de nuestro cuerpo nos dice. El cerebro ha de preservar la calma vital, la serenidad, los espacios de agenda sin completar, tiene que bajar el ritmo, dejar de creer que tener siempre muchos planes o estar «hasta arriba» es bueno, abandonar ese modo productivo que creemos que es maravilloso. Tenemos que aprender a modular esto para no caer en la verdadera pandemia: la enfermedad en nuestro bienestar emocional.

Para esto, los abrazos son uno de los grandes ansiolíticos naturales que tiene la vida y han desaparecido bastante o se han vuelto demasiado breves. Evitamos los besos y tenemos cierto reparo social o de salud. Pero es importante seguir abrazándose, aunque tengamos precaución por una cuestión de salud.

Veamos algunas curiosidades de los abrazos:

- Aumentan la vinculación y fortalecen las relaciones, ya que el contacto físico desata la hormona que nos conecta con el amor.
- Mejoran la autoestima, nos hacen sentir queridos, nos conectan con el amor que recibimos y que tenemos para dar.
- Hacen que los músculos se relajen, igual que a través del tacto de un masaje, del tacto entre las manos.
- Aumentan la empatía y la comprensión. Tras un abrazo a alguien que no conocemos ya sentimos esa cercanía que no había previamente.
- Aumentan la felicidad, según detallan estudios que evalúan la presencia de abrazos en el estado vital de las personas.
- Diferentes experimentos realizados en todo el mundo descubrieron que un abrazo de 5 segundos estimula la hormona; pero uno de 20 segundos la activa y equivale a un mes de terapia. Además, a ser posible, el abrazo

debe ser inclinados hacia el lado izquierdo, es decir, «de corazón a corazón» y respirando, porque el olor de la persona a la que quieres también te calmará. Hay que finalizar con una mirada y sonrisa de agradecimiento y unión fraternal. ¡Esto es pura medicina!

- Maravilloso, ¿cierto? Pero la cosa no acaba ahí. Los besos, que son percibidos como una manifestación de amor, también liberan oxitocina.
- Los niños también pueden abrazarse a la altura que queden del adulto si esta es por debajo del pecho.
- La única precaución que hay que tomar: durante el abrazo es mejor no hablar, ya que la saliva es una fuente de propagación de los virus.

Por lo tanto, recordemos que es importante estar en contacto, que la oxitocina se genera cuando conectamos con los demás de manera genuina, afectuosa y respetuosa.

¿QUÉ DIFERENCIA A LAS CUATRO MAGNÍFICAS?

En este cuarteto de la felicidad compuesto por endorfinas, serotonina, dopamina y oxitocina, sabemos que todas influyen en la sensación de bienestar general de nuestro cuerpo, mente y alma cuando se liberan y cuando están en equilibrio.

No obstante, cada sustancia se libera para cumplir su función específica.

ENDORFINAS	SEROTONINA	DOPAMINA	OXITOCINA
Es el analgésico natural.	Fluye cuando te sientes importante.	Es la responsable del amor, el placer y las adicciones.	Es la hormona de los vínculos emocionales.
Contrarresta el dolor físico y emocional.	Contrarresta la soledad y la depresión.	Está más relacionada con la motivación personal.	Es una de las más importantes, ya que está estrechamente relacionada con la confianza y las funciones básicas del ser humano (como reproducirse).
Se libera ante el dolor, con alimentos y actividades como el ejercicio.	Se libera con la luz del sol, con masajes y con ejercicio físico aeróbico.	Se libera estableciendo y logrando objetivos (tanto pequeños como importantes).	Se libera con gestos emocionales como un abrazo o un regalo.

LOS COMPAÑEROS DE LAS CUATRO MAGNÍFICAS

El cortisol

Se libera como respuesta al estrés (lo llamaríamos el Estresado) y a un nivel bajo de glucocorticoides en la sangre. Su función principal es regular el nivel de azúcar en la sangre. También vigila la presión arterial y regula el metabolismo, proceso por el cual el cuerpo utiliza los alimentos y la energía.

Un exceso de cortisol aumenta la presión arterial. ¿Las consecuencias? Enfermedades crónicas del corazón, infartos y problemas cardiovasculares y cerebrovasculares. Cuando los niveles de cortisol suben, se hace difícil conciliar el sueño y más aún lograr un sueño profundo.

El cortisol, que es la principal hormona del estrés, aumenta los azúcares (glucosa) en el torrente sanguíneo, mejora el uso de la glucosa en el cerebro y aumenta la disponibilidad de sustancias que reparan los tejidos.

El pescado azul o graso —el salmón, el atún, el bonito, las sardinas, las anchoas y otros— es rico en grasas sanas (poliinsaturadas) y omega 3. Este tipo de grasas se ha asociado a inferiores niveles de cortisol en el cuerpo, y también podría reducir efectos negativos del estrés debido a su efecto antinflamatorio.

TEST PARA DESCUBRIR SI TIENES EL CORTISOL ALTO

Para hacer esta prueba, responde con sinceridad a estas preguntas que te planteo. Las respuestas te darán muchas pistas sin tan siquiera necesitar mi ayuda.

Si te das cuenta de que varias de las respuestas (o incluso todas) son positivas, estarás en un punto en el que es necesario bajar tu nivel de cortisol.

- ¿Te cuesta concentrarte más que antes y se te olvidan las cosas?
- ¿Ha bajado tu nivel de productividad?
- ¿Tienes cambios de humor sin explicación?
- ¿Cualquier cosa te irrita y te altera fácilmente?
- ¿Te cuesta levantarte por las mañanas?
- ¿Ha disminuido tu deseo sexual?

Si este fuera tu caso, ¿qué podrías hacer para disminuir tus niveles de cortisol?

- **Tener una buena higiene del sueño.** Por la noche honra el espacio sagrado que supone dormir. Asegúrate de que haya una luz tenue, un olor agradable y nada de trabajo ni pantallas en ese espacio. Vete a dormir a la misma hora todos los días, utiliza ropa agradable y sábanas amorosas, asegúrate de que el cuarto esté a buena temperatura, haz lecturas amables, toma alguna infusión para relajarte. Nada de hacer repaso del día ni pensar en los quehaceres de mañana, solo contar ovejas, respirar y sonreír al magnífico hecho que está a punto de suceder en tu cerebro durante la noche.
- **Practicar relajación, meditación y *mindfulness*.** Elige la práctica que quieras, la que sea más fácil para ti, pero baja las revoluciones de tu cuerpo. No a todo el mundo le sienta bien sentarse y ponerse a respirar mientras observa sus pensamientos, no a todo el mundo le gusta, aunque

la ciencia haya demostrado que realizarla a lo largo de 8 semanas y al menos 12 minutos seguidos cambia nuestra actividad eléctrica cerebral y como consecuencia nuestra neuroquímica. Puedes ponerte audios para relajarte. Los hay muy agradables y, si te duermes, no pasa nada, se trata de que te relajes. O practica *mindfulness* como un juego diario: es atender a lo que haces, observar tu vida de manera diferente, irte al patio de butacas de las situaciones que te acontecen, escuchar desde el corazón, hacer pausas con respiración, ponerte una alarma que te ayude a recordarte que es necesario prestar atención a cómo te sientes física, mental y emocionalmente, sin juicio y sin querer cambiar nada, solo es estar presentes para que nuestra salud vuelva a equilibrarse.

- **Hacer ejercicio.** El deporte consciente, sin ansia, sin que el fin sea un cuerpo determinado o un objetivo concreto, como diversión y como hábito consciente de cuidado es sanísimo. Busca un deporte que se adapte a ti y a tu vida. No tienes por qué correr si no te gusta o si te parece agresivo para tus rodillas, puedes caminar a marcha rápida o pasear, puedes bailar o nadar, puedes ordenar tu casa mientras te mueves conscientemente, puedes estirarte, practicar *chi kung* o realizar ejercicios de fuerza con consciencia. La clave del deporte, que es muy saludable para nuestro cerebro, es ponerle consciencia y que no se convierta en un escape tóxico de situaciones cotidianas y tapes emociones que no queremos vivir o que nos causan lesiones por querer cumplir algunas metas. El deporte es salud y vida, pero con consciencia y coherencia.

- **Organizar bien el tiempo.** Tener una agenda es algo que siempre me ha ayudado, plasmar lo que hay en mi cabeza en una hoja, en mi caso de papel, es algo que da mucho descanso mental y elimina pensamientos rumiantes de «tengo que», «debería hacer», «que no se me olvide». Esto colapsa nuestra cabeza e impide que estemos en otras cosas más saludables o que disfrutemos determinados momentos. Organiza tu agenda. No se trata de llenar todos los huecos, deja algunos libres, y pon cosas para otras semanas, seguro que no todo es tan urgente. Si lo anotas en la agenda y te comprometes con ella, te lo quitas de la cabeza igualmente y esta descansa.

- **Practicar el pensamiento saludable y positivo.** Se ha demostrado que nuestro cerebro funciona mejor cuando recordamos y pensamos en cosas agradables y bonitas, y eso es un regalo. Y también se ha demostrado que el rastro que deja un pensamiento negativo es mayor en el tiempo que uno positivo, por eso es importante poner el foco en aquello que ha sido agradable en nuestra vida y estar atentos a las cosas maravillosas que nos suceden. Creemos que mirando aquello que nos preocupa, o con la queja, solucionamos problemas, y es un error. La queja como estilo de vida nos intoxica de cortisol, nos hace creer que el mundo es peligroso, y nuestro cerebro responde para salvarnos de lo que percibe como un león que nos va a comer. Cambia la queja en tu vida, hazla breve, solo para desahogarte, y pon más recuerdos bellos y escenas que sean agradables.
- **Tener una actitud positiva.** No quiere decir que vivamos una vida infantilizada, creyendo que todo va a ir bien. Quiere decir que veamos la realidad como es y que emprendamos la acción en lo que sí podemos hacer para cambiar la circunstancia, o aceptar lo que

no podemos cambiar. Se trata de ser maduro, de ver y asumir lo que hay aunque no te guste, pero sabiendo que podemos cambiar la interpretación final y aprendizaje de cada situación.

- **Dejar la multitarea** y actividades simultáneas y cambiar por la monotarea: hacer una sola cosa cada vez.

- **Incorpora las pausas conscientes a tu vida.** No encadenes una acción tras otra, ni hagas todo de corrido. Tómate el tiempo de terminar una acción y comenzar otra. Respira, para, haz una breve pausa, esto oxigena tu cerebro y baja el cortisol que hayas acumulado y lo ayuda a regularse.

- **Abandona el modo de hacer continuamente y pasa al modo ser y sentir.** Es necesario permanecer conectados con lo que sentimos, si nos convertimos en «hacedores», por mucho que nos sintamos muy productivos y nos guste nuestra imagen exterior, no es sostenible en el tiempo. El cuerpo necesita sentir que lo escuchamos, porque es parte de nosotros y no estamos hechos solo para hacer, estamos hechos para sentir, pensar, observar. Necesitamos encontrar un equilibrio entre ser y hacer que será muy saludable para nuestra vida. ¿Te animas al reto?

- **Hacer actividades a cámara lenta.** Hemos decidido correr para todo: mira a la gente por la calle, cómo cogen el bus, cómo cruzan, cómo dan de comer a sus hijos, cómo mastican, cómo escriben en WhatsApp, a qué velocidad escuchan los audios, cómo pasan de vídeo en vídeo en redes sociales. Vivimos con la sensación de que nos falta tiempo, de que no nos da la vida. Vamos corriendo a buscar a los hijos, a hacer los recados, luego hay que mandar tres e-mails al trabajo aunque estemos en casa y escribir en el chat de padres lo del cumple, después a ver si puedo disfrutar de esa serie con mi pareja o dejar la cena de mañana preparada... Pero ¿qué locura de vida es esta? Así es imposible que tengamos salud mental. ¡ASÍ NO!

Se ha demostrado que, si no puedes bajar la velocidad de tus pensamientos, puedes hacer las cosas más despacio o hablar más lento de manera consciente, y funciona. No empieces por decir «NO PUEDO», porque sí se puede. Está demostrado que correr y hacer multitarea oxida el cerebro y disminuye el rendimiento, la sensación continua de ir contra reloj viene de ahí. Los despistes, el estrés, el agobio y perder el tiempo con distractores para tapar la ansiedad vienen de ahí. Solo hay que poner las herramientas adecuadas para vivir en equilibrio. ¿Te unes?

- **Practicar la confianza, la serenidad y la calma diaria.** Tener la actitud y la voluntad de «hacer como si» fueras alguien sereno y tuvieras siempre suerte te ayudará a tomarte los sobresaltos de otra manera. Es muy útil tener el recurso de la persona zen en nuestro registro de personalidad, ayudará con el estrés y el cortisol. Una clave es tener relaciones sanas y evitar disgustos y discusiones innecesarias que no lleven a ningún lado más que a sentirte mal.

- **Averiguar qué es lo que nos preocupa.** Tenemos que identificar esos pensamientos obsesivos y estresantes, no hay nada mejor que conocer a nuestro enemigo para combatirlo. En muchas ocasiones te darás cuenta de que no es tan enemigo. Te trae mensajes más bellos de lo que piensas, por eso debes atender a escasos pensamientos; mira a ver si puedes ocuparte de algo de lo que contienen y, si no puedes, dales las gracias y pasa a otra cosa. Esto necesita práctica diaria, práctica, práctica y más práctica.

- **Desprenderse de relaciones tóxicas.** Las relaciones nutren o desgastan. Lo he observado en más de veinte años de consulta, pero por alguna razón (y es que las necesitamos para sobrevivir) las seguimos buscando. Existen personas que son nutritivas, aportan, nos llenan, cuando estamos con ellas sentimos que salimos recargados. Estas son las que deben ocupar la mayor parte de tu agenda. Y existen personas anemia, que toman de tus nutrientes y te dejan decaído, te dejan en peor estado físico, con menos energía. Es importante identificarlas para poder elegir y adquirir estrategias de comportamiento cuando sea necesario estar con ellas.
- **Comer bien.** Existe una relación tan directa entre lo que comemos y nuestro funcionamiento cerebral que hay nutricionistas incluso que hablan de que nuestra despensa es una gran farmacia. La comida que mantenga tu microbiota sana, que contenga triptófano, alimentos saludables que no sean ultraprocesados, que sean frescos y cocinados con amor y consciencia, hace mucho por nuestra salud mental y general.

Pero también es necesario saber identificar cuándo estamos ante síntomas de cortisol bajo, porque esto tampoco es saludable. Es importante que el cortisol esté en equilibrio en la vida cotidiana. Todas estas prácticas son para equilibrarlo a la baja, ya que debido a nuestra vida actual tiende a dispararse, pero ¿qué pasa si tenemos un déficit de cortisol permanente? En caso de tener niveles demasiado bajos, se dan efectos negativos en el cuerpo, como fatiga, pérdida del apetito y anemia.

El cortisol está muy relacionado con el metabolismo de los carbohidratos, las grasas y las proteínas. O sea, que dependiendo de los niveles de cortisol tu cuerpo hace uso de lo que comes de la siguiente manera:

- Regula los niveles de inflamación.
- Controla la presión sanguínea.
- Equilibra los niveles de azúcar en la sangre (glucosa).
- Controla el ciclo de sueño y vigilia.
- Eleva la energía para que puedas manejar el estrés.
- Ayuda a equilibrar la sal y el agua del cuerpo.
- Contribuye a la memoria y la concentración.

Un exceso de cortisol puede alterar las funciones anteriores. Cuando el estrés se convierte en crónico, los niveles de cortisol se mantienen siempre altos, lo que equivale a decir que nuestro cuerpo está en un estado de lucha y los sistemas indispensables para la supervivencia no funcionan como deberían. Entonces enfermamos y empezamos a somatizar, a sentir fatiga, ansiedad, palpitaciones, irritabilidad, todos los síntomas descritos antes. Por eso es importante mantener a raya el cortisol y él te ayudará a tener una vida equilibrada.

1. Si sube el cortisol, bajan las defensas. Esto puede producir enfermedades respiratorias, autoinmunes y alergias.
2. El exceso de cortisol afecta a la digestión y la absorción de los alimentos. Las consecuencias pueden ser indigestión, úlceras, síndrome de colon irritable y colitis.
3. El cortisol aumenta la presión arterial y esto trae enfermedades crónicas del corazón, infartos y problemas cardiovasculares y cerebrovasculares.
4. Con niveles altos de cortisol, es difícil dormir. Si se

prolonga en el tiempo, puede llevar a una falta de memoria y de concentración.

5. Los altos niveles de cortisol en sangre y en las células ocasionan retención de grasa, sobre todo en el área del abdomen, y retención de líquido.

6. El cortisol elevado puede ocasionar disfunción eréctil, así como la interrupción del ciclo ovulatorio. Las hormonas sexuales se producen en las mismas glándulas que el cortisol, por lo que el exceso de este puede dificultar la producción de esas hormonas sexuales y provocar infertilidad.

7. Lo que sucede en el interior se refleja en el exterior del cuerpo, la piel. Las células envejecen de forma prematura.

8. El cortisol alto puede ocasionar fatiga crónica, trastornos de la tiroides, demencia, depresión y otras afecciones.

La melatonina

La dormilona. Es una hormona que se encuentra de forma natural en nuestro cuerpo. Se produce a partir del aminoácido esencial triptófano, mediante la transformación en la glándula pineal (la cual está en la base del cerebro) de serotonina en melatonina. Contribuye a disminuir el tiempo necesario para conciliar el sueño y se indica especialmente en caso de alteraciones del ritmo circadiano, ya que regula nuestro reloj biológico interno; esto nos dicta cuándo despertar y cuándo dormir.

Alimentos ricos en melatonina son: el plátano, las manzanas, las cerezas, el tomate, el maíz dulce, el arroz, la avena, la cebada, las semillas de sandía, las semillas de calabaza, las nueces.

La adrenalina

La atrevida. Es un neurotransmisor que se sintetiza cuando estamos ante situaciones de estrés. Es quien enciende los mecanismos de supervivencia de nuestro organismo: acelera el ritmo cardiaco, dilata las pupilas, aumenta la sensibilidad de nuestros sentidos, inhibe las funciones fisiológicas no imprescindibles en un momento de peligro (como por ejemplo la digestión), acelera el pulso, incrementa la respiración y pone el cuerpo en marcha para un posible ataque.

Es una hormona secretada por las glándulas suprarrenales (localizadas encima de los riñones) en ciertas situaciones de estrés. La vida media activa de la adrenalina es de dos minutos y sus efectos pueden durar una hora:

- **Eleva la presión sanguínea.** Los vasos de los órganos importantes se ensanchan para recibir más sangre; los vasos más pequeños (de orejas, nariz, manos…) se estrechan, ya que no son imprescindibles. Por eso empalidecemos al liberar adrenalina.
- **Dilata las pupilas** para que veamos lo mejor posible.
- **Aumenta el ritmo respiratorio y relaja la musculatura** de las vías aéreas para que la sangre se oxigene antes y mejor.
- Provoca **sensación de euforia.**
- **Acelera el ritmo cardiaco,** ya que es necesario el máximo volumen de sangre para aportar más oxígeno y nutrientes a todos los órganos.
- **Detiene el movimiento intestinal,** lo que evita necesidades fisiológicas inoportunas.
- **Moviliza las reservas de glucógeno,** para que los músculos cuenten con el máximo de combustible.

Las descargas de adrenalina de forma brusca se acompañan de angustia, irritabilidad, tensión e intranquilidad. Un exceso de adrenalina puede tener consecuencias negativas para el organismo, como sufrir hipertensión, cefaleas o dolores de cabeza, ansiedad, náuseas e insomnio.

Para bajar esta producción, podemos poner unas cuantas actividades en práctica:

- **Caminar.** Andar diez minutos libera endorfinas, que compensan el exceso de adrenalina y cortisol de un momento estresante.
- **Respirar.** La respiración profunda —algunas técnicas de yoga pueden ayudar— simula la situación relajada posterior al estrés elevado. Hace creer al cuerpo que el peligro ya pasó.
- **Comer.** Pocas cosas aumentan tanto la tensión como esa alarma encendida en el cerebro que indica que faltan nutrientes. Sin abusar, ni comer de forma compulsiva, ingerir algo puede calmar patrones neurales. Un caramelo, un chocolate, algo con glucosa puede tomarse como un premio. Produce placer y renueva.
- **Tener plantas.** Las plantas de interior, tanto en casa como en ambientes laborales, renuevan el oxígeno y hacen que el lugar sea más amigable para pasar el tiempo. Los aromas de las flores también son relajantes.
- **Escuchar música.** El dicho «La música amansa a las fieras» tiene una explicación científica. Hace que el cerebro libere dopamina, una hormona relacionada con el placer. Además, colabora con la muchas veces difícil misión de disminuir el ritmo cardiaco y la presión sanguínea. Muchos cirujanos, por ejemplo, ponen música en sus quirófanos.

- **Apagar las pantallas.** Trabajar demasiadas horas delante de una computadora puede ser un factor de estrés. Tener descansos breves pero frecuentes y aprovecharlos para caminar libera al cerebro de un estado de alerta permanente que es desgastante. Lo mismo podría indicarse para los teléfonos móviles. Es bueno eliminar la presión de estar pendiente todo el tiempo de lo que sucede en el móvil, silenciar las notificaciones para mirarlo cuando puedas, no contestar siempre al instante, tomarte tiempo para gestionar todo lo que un teléfono lleva consigo.
- **Relajar los músculos.** La relajación muscular progresiva es una técnica muy eficaz. Consiste en tensar y relajar los músculos de forma consciente y ordenada. Se empieza por los pies y se termina con los músculos de la cara. Dedicar unos diez minutos a este ejercicio recarga energías y libera tensiones.
- **Hablar con un amigo.** Tomarse unos minutos para hablar con un amigo y sentirse escuchado por este genera como respuesta neurológica la segregación de endorfinas.
- **Hacer manualidades.** Hacer tareas manuales (cocinar, coser, tocar el piano) ayuda a relajarse, ya que da la oportunidad de prestar atención a algo por mero entretenimiento, o de hacer algo no automatizado, que es incompatible con rumiar preocupaciones. Además, estimula los sentidos del tacto, que son muy placenteros y relajantes.
- **Aprender a aceptar.** Hay fuentes de estrés que son inevitables: la muerte, la enfermedad, las crisis y problemas económicos. La aceptación como etapa del proceso de duelo suele ser difícil y lleva su tiempo,

pero a largo plazo es la única forma de que una situación que no puedes cambiar deje de hacerte sufrir. No intentes controlar lo incontrolable y aprende a discernir cuándo rendirse a la vida y aceptar sanamente es lo más saludable.

- **Jugar.** Con mascotas, con niños, con amigos. Jugar al fútbol o a un juego de mesa, la actividad lúdica compartida se relaciona con los centros neurales del placer y relaja mucho.
- **Vivir momentos mágicos del día.** Identifica una cosa buena que te haya sucedido en el día, todos los días. Nadie tiene un día tan malo como para no encontrar una sola cosa satisfactoria. Realizar esta práctica aligera el peso de todo lo difícil de sobrellevar.
- **Di que no.** Conoce tus límites y aprende a decir que no. Tanto en lo profesional como en lo personal, no aceptes compromisos que te excedan. Evita a la gente y las actividades que te generan estrés, que no suman y que te restan energía. Si el contenido de las noticias te pone nervioso, busca un contenido más lúdico. Es importante estar informado, pero cada uno sabe la dosis que es saludable para su cuerpo.

La noradrenalina

La emocionada. Es una molécula especial en el sentido de que actúa tanto como hormona como neurotransmisor. Interviene en la respuesta de supervivencia ante los peligros, el control de las emociones y la regulación de otros procesos físicos y anímicos. Es muy similar a la adrenalina e, igual que esta, recibe el nombre de «hormona del estrés».

La noradrenalina se centra en regular la frecuencia cardiaca y también en potenciar nuestra capacidad de atención cuando sentimos que estamos ante un peligro. Asimismo, regula la motivación, el deseo sexual, la ira y otros procesos emocionales. Los desajustes en este neurotransmisor (y hormona) se han relacionado con trastornos anímicos como la ansiedad e incluso la depresión. Cualquier desajuste, ya sea una hiperproducción o un déficit, se traduce en serios cambios en el estado de ánimo.

La psicoterapia es muy eficaz para equilibrar este neurotransmisor, ya que nos ayuda a comprender la raíz de nuestra ansiedad y a elaborar estrategias para combatirla, aunque hay ocasiones en las que se debe recurrir a tratamiento farmacológico. Las dietas ricas en vitamina C, cobre y ácidos grasos omega 3 favorecen el buen nivel de este neurotransmisor.

La noradrenalina es sintetizada por las glándulas suprarrenales y fluye por la sangre modificando la actividad de distintos órganos, pero también puede ser producida por las neuronas cerebrales, regulando la actividad del sistema nervioso.

El gaba

El pacificador. Es un neurotransmisor y, por lo tanto, envía mensajes químicos por el cerebro y el sistema nervioso. En otras palabras, participa en la comunicación entre neuronas. El gaba contribuye al control motor, a la visión, y regula la ansiedad, entre otras funciones corticales.

El neurotransmisor gaba es inhibidor y, por lo tanto, en lugar de excitar lo que hace es reducir el nivel de excitación de las neuronas. También inhibe la acción de otros neurotransmisores para regular así nuestro estado de ánimo y evitar que las reacciones de ansiedad, estrés, miedo y otras sensaciones desagradables ante situaciones que nos generan malestar sean exageradas. Es decir, tiene funciones tranquilizantes, por lo que sus desajustes se han relacionado con problemas de ansiedad, insomnio, fobias e incluso depresión.

Además, está ampliamente distribuido en las neuronas del córtex cerebral. Esto quiere decir que también es una sustancia que utilizan las neuronas del sistema nervioso a la hora de comunicarse entre sí a través de los espacios sinápticos. Es decir, el gaba es sumamente importante para que las neuronas se hablen, y este proceso es vital para nuestro funcionamiento cerebral.

Puedes ayudar a su producción de forma natural comiendo vegetales fermentados, kéfir, alimentos ricos en vitamina B6, como el salmón o las legumbres, y ricos en proteínas.

BUSCANDO EL TRATAMIENTO PARA LA ANSIEDAD

En las últimas décadas, las investigaciones sobre el gaba y las benzodiacepinas han sido numerosas, básicamente para buscar tratamientos contra las alteraciones patológicas del miedo y la ansiedad. Estos estudios han concluido que el gaba está implicado en dichas emociones, pero no parece que su papel sea otro que el de modulador inhibitorio de los demás sistemas de neurotransmisión, como el de la noradrenalina.

La acetilcolina

Es un neurotransmisor que no desempeña sus funciones en el cerebro ni el sistema nervioso central, sino en las neuronas que están en contacto con los músculos, es decir, en el sistema nervioso periférico.

La acetilcolina tiene una función tanto inhibitoria como excitatoria dependiendo de las necesidades. Es la responsable de regular las contracciones y relajaciones musculares. Por lo tanto, es importante para todos los procesos en los que intervienen los músculos, ya sea de forma voluntaria o involuntaria. También es importante en la percepción del dolor y participa en funciones relacionadas con el aprendizaje, la formación de recuerdos y los ciclos de sueño.

El glutamato

Es el principal neurotransmisor del sistema nervioso central y se encuentra en casi un 90 por ciento de los procesos químicos que tienen lugar en nuestro cerebro. Su función es regular la información procedente de todos los sentidos —vista, olfato, tacto, gusto y oído—, controlar la transmisión de mensajes motores, regular las emociones, controlar la memoria y su recuperación, además de tener importancia en cualquier proceso mental.

Los problemas en su síntesis están relacionados con el desarrollo de enfermedades neurológicas degenerativas, como el alzhéimer, el párkinson, la epilepsia o la esclerosis lateral amiotrófica (ELA).

La histamina

Es una molécula sintetizada por varias células de nuestro cuerpo, no solo por las neuronas. Por ello, además de actuar como neurotransmisor, forma parte del sistema inmunitario y del sistema digestivo.

La histamina tiene un papel clave en la regulación del sueño, en el control de los niveles de ansiedad y estrés, en la consolidación de la memoria y en el control de la producción de otros neurotransmisores, ya sea inhibiendo o potenciando su actividad.

La taquicinina

Es un neurotransmisor con una gran importancia en la experimentación de las sensaciones de dolor, en la regulación del sistema nervioso autónomo —las funciones involuntarias como la respiración, los latidos del corazón, la digestión, la sudoración, etcétera— y en la contracción de los músculos lisos, es decir, los que conforman el estómago, los intestinos, las paredes de los vasos sanguíneos y el esófago.

Los péptidos opioides

Son unos neurotransmisores que funcionan como analgésicos y reducen la sensación de dolor durante el procesamiento de las sensaciones. También intervienen en la regulación de la temperatura corporal, el control del apetito y las funciones reproductivas, y son los que generan la dependencia a fármacos y otras sustancias potencialmente adictivas.

La ATP

La digestión culmina en la obtención de esta molécula, que es la que da energía a las células. De todos modos, la propia ATP y los productos obtenidos de su degradación también funcionan como neurotransmisores desarrollando funciones similares a las del glutamato, aunque no tiene una relevancia tan grande como la de este neurotransmisor. Sea como sea, la ATP también permite la sinapsis entre neuronas, es decir, la comunicación entre ellas.

La glicina

Es un aminoácido que también puede funcionar como neurotransmisor. Su papel en el sistema nervioso consiste en reducir la actividad de otros neurotransmisores, desarrollando un papel inhibitorio especialmente importante en la médula espinal. Por lo tanto, tiene implicaciones en la regulación de los movimientos motores, ayuda a que estemos en un estado de calma cuando no hay amenazas y permite que las funciones cognitivas se desarrollen de forma adecuada.

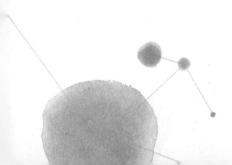

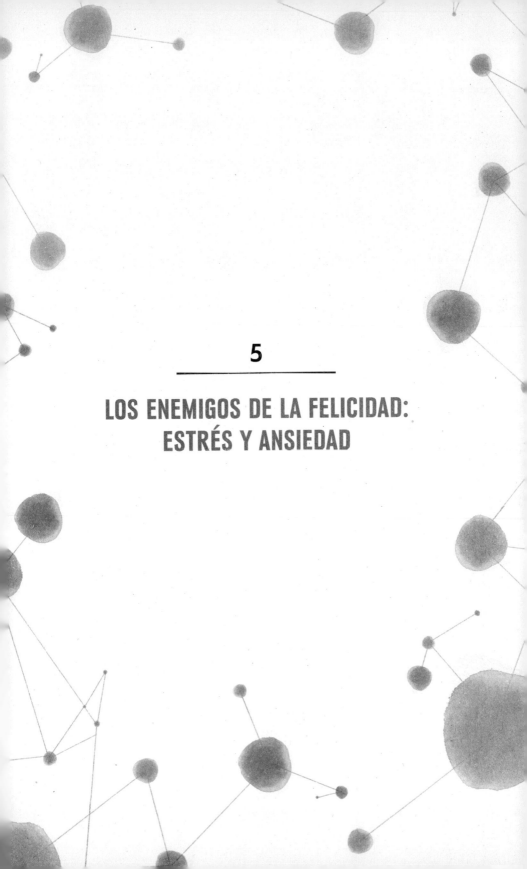

5

LOS ENEMIGOS DE LA FELICIDAD: ESTRÉS Y ANSIEDAD

NEUROQUÍMICA DE LAS EMOCIONES

Las emociones son esas sensaciones que tenemos a partir de impulsos químicos que se originan en nuestro cerebro y activan órganos vitales como reacción a lo que nos sucede. Son muy necesarias para darle información a la razón; lo que pasa es que la emoción y la razón (zona del cerebro frontal) hablan idiomas diferentes y no se entienden, y a veces toman decisiones por separado.

Esto es lo que hace que sintamos esa disonancia, esa incomodidad, esa división de nosotros mismos que nos hace creer que las emociones o los pensamientos son nuestros enemigos. Pero se trata de un error: no hay nada dentro de ti que quiera hacerte daño, no estamos hechos para hacernos daño, pero sí para avisarnos con mensajes y, si no los comprendemos de una manera, el cuerpo se descompensa para decírtelo de otra. Por eso, lo importante es poner de acuerdo con la razón al cuerpo y a la emoción, y comprender lo que realmente son.

La emoción es el mensajero entre lo que nos pasa y lo que siente nuestro cuerpo, lo que pensamos y decidimos, y viceversa, es la conexión entre lo que pensamos y rumiamos con las sensaciones físicas que nos produce ese pensamiento y lo que hacemos. Es decir, la emoción es el mensajero, traduce información analógica en lógica y al revés.

LA RAZÓN ES LÓGICA, EL CUERPO ANALÓGICO Y EL MENSAJERO DE LO QUE PASA ES LA EMOCIÓN.

No quiere fastidiar, solo quiere traducir lo que pasa para ayudarte a verlo y a depurar. **Muchas veces es que no escuchamos el cuerpo, no escuchamos nuestras sensaciones.** Esto puede ocurrir porque estamos todo el rato pensando, analizando, planeando, rumiando, anticipando, recordando el pasado, o porque tapamos emociones porque nos incomodan y, para huir, recurrimos a placeres como comer, comprar, beber alcohol, fumar, practicar sexo, etcétera.

La emoción es el puente necesario entre lo que nos pasa y lo que decidimos. Gracias a las emociones medimos muchas circunstancias y nuestro cerebro obtiene información importante para compararlas con experiencias previas, o almacenarla en nuevos datos si algo es peligroso, o si por el contrario algo es agradable. Con esta información emocional y otras variables racionales, el cerebro, en comunicación con nuestro ser, se convierte en razón.

En este momento es cuando te digo la famosa frase: «Pon la razón al servicio de tu corazón», desde las emociones, desde dejarnos sentir, aceptar lo que somos, lo que nos duele, lo que nos da miedo, lo que nos entristece, lo que nos agrada, lo que nos sorprende. Desde ahí le damos un espacio al respirar y procesar esta información, convirtiéndola en un sentimiento, y desde ahí tomamos una decisión que vaya siempre a favor de nuestro corazón, de nuestro ser profundo.

EN LAS EMOCIONES CONFLUYEN CLARAMENTE LA QUÍMICA Y EL ALMA.

En las emociones podemos sentir la exaltación más sublime de amor y el vacío y desasosiego más absoluto. Estas expresiones que parecen salir de nuestra alma, de nuestro corazón profundo, tienen su origen en nuestro cerebro, en la química de nuestro interior, que envía órdenes a todo el cuerpo del estado de nuestro ser.

Cualquier proceso fisiológico de nuestro cuerpo, desde lo físico hasta lo emocional, está controlado por moléculas químicas. De ahí que se diga que los humanos somos pura química. Es así, pero yo añado que somos química con actitud (es decir, con el uso de la razón). Somos química, actitud y espíritu. Es decir, además de procesos fisiológicos, mentales y cerebrales, hay una dimensión de observación y conexión con algo que trasciende lo físico, que sabe y comprende que esta vida humana forma parte de un juego.

Además, tengo la capacidad, desde mi consciencia, desde esa alma que aún no se sabe ubicar en el cuerpo, de observarme, de conectar con la calma, la paz y la serenidad. **No necesito chutes excesivos de dopamina para tapar emociones intensas, sino que puedo buscar otras estrategias para sosegar a ese cortisol que nos da estrés y a esa adrenalina que nos da miedo.** Puedo aplicar otros componentes químicos como por ejemplo la oxitocina, la serotonina y el gaba para que me ayuden a sentir equilibrio interno, a pesar de que lo externo a veces tiemble.

Todo lo que sucede en nuestro cuerpo y en nuestra mente depende de los niveles que tengamos de distintas moléculas neuroquímicas. Y por moléculas entendemos básicamente las hormonas, los neuroquímicos y los neurotransmisores.

El sistema nervioso es una red de telecomunicaciones que interconecta todos los órganos y tejidos del cuerpo con el centro de mando que es el cerebro. Esta red consiste en una autopista de miles de millones de neuronas, las células especializadas del sistema nervioso que se centran en la transmisión de información.

Por información entendemos todos aquellos mensajes generados por el cerebro, o que llegan a este desde los órganos y que representan órdenes, las cuales pueden ir a cualquier parte del cuerpo. «Sigue latiendo», le pide al corazón. «Flexiona la rodilla», cuando andamos. «Contráete», le dice a un músculo cuando queremos agarrar algo. «Inhala y exhala», les transmite a los pulmones.

Cualquier cosa que ocurre en nuestro cuerpo nace de nuestro cerebro (encéfalo, en terminología exacta). Y sin un sistema nervioso que haga llegar los mensajes a todo el cuerpo, nuestra supervivencia sería imposible. Las neuronas son capaces de llevar mensajes porque pueden cargarse eléctricamente, dando lugar a un impulso nervioso en el que está codificada la información, es decir, la orden que sería el neurógeno en cuestión.

Sea cual sea el neurotransmisor que se quiere enviar, el cerebro lo liberará al espacio que hay entre neuronas (espacio sináptico). Una vez que ha sucedido esto, la segunda neurona de la red lo absorberá. Y cuando tiene al neurotransmisor en su interior, sabrá que tiene que cargarse eléctricamente. Lo hará del mismo modo que la primera, ya que este neurotransmisor le ha dado las instrucciones. Y esta segunda neurona, a su vez, volverá a producir los mismos neurotransmisores, que serán absorbidos por la tercera neurona de la red. Y así sucesivamente hasta completar la autopista de miles de millones de neuronas, cosa que se consigue en apenas milésimas de segundo.

Somos reacciones químicas en una base física, moduladas por nuestros hábitos y actitudes de vida.

Quiero insistir en que nuestro cuerpo es química pura. Se pasa la vida mezclando sustancias dentro con los acontecimientos que suceden fuera para llegar a un equilibrio continuo entre tú y el entorno, y dotarte de salud y bienestar general.

Hay muchas maneras de que, con la actitud, los pensamientos, la conducta, las relaciones y nuestros hábitos podamos ayudar a que esa neuroquímica funcione bien y solo tengamos que acompañar a nuestro cuerpo en ese buen funcionamiento.

EL ESTRÉS Y LA ANSIEDAD SON DOS
DE LOS PROBLEMAS DE SALUD
MÁS FRECUENTES EN LAS SOCIEDADES OCCIDENTALES.

Las cargas laborales y el ritmo de vida actual hacen que **entre el 30 y el 40 por ciento de la población sufra estrés,** y esto puede tener efectos muy perjudiciales sobre el cuerpo y la mente.

El estrés es un estado que ocurre cuando las demandas que exige el medio superan la capacidad de la persona para afrontarlas. Es decir, que el individuo no siente que pueda responder adecuadamente a la circunstancia en la que se encuentra. Cuando este estado se prolonga no solo causa malestar psicológico, sino que además puede provocar problemas cardiacos, diabetes y un debilitamiento del sistema inmune.

La ansiedad se define como un estado mental y corporal en el que sentimos un malestar generalizado y un bloqueo en la interacción con el mundo. Impide a quien la sufre llevar una vida normal y llega a resultar incapacitante.

Se trata de un trastorno que se caracteriza por el conjunto de síntomas corporales y mentales que impiden llevar una vida normalizada y de bienestar. Estos síntomas suelen ser sensación de ahogo, nerviosismo, carácter irritable, angustia, aceleración mental, pensamientos obsesivos, sudoración, mareos y sensaciones corporales de diferente índole que no tiene su origen en otro trastorno ni en una enfermedad orgánica.

Muchas teorías intentan explicar por qué estamos tan estresados y ansiosos, y ponen de relieve la influencia de las nuevas tecnologías que exigen nuestra atención de manera constante, un ritmo rápido de trabajo, la multitarea, las agendas sobrecargadas, exigencias propias muy elevadas, y que hacen que nos pasemos la vida anticipando y con preocupaciones económicas varias.

El estrés, la ansiedad y la depresión son primos hermanos y es muy importante prevenirlos con acciones cotidianas y cuidar de nuestra salud.

Veamos con detalle en qué consisten estos trastornos para aplicar esas acciones que recomiendo.

EL ESTRÉS

Eustrés y distrés: las dos caras de la moneda

¿Sabías que el estrés no tiene por qué ser malo? Es más, ¿sabrías distinguir el estrés que es natural y puntual por circunstancias de la vida de ese otro estrés permanente que suele estar desencadenado por hábitos y pensamientos?

¿Has sentido alguna vez que tu cuerpo está muy enérgico y atento en respuesta a situaciones que requieren un esfuerzo extra o que te ponen puntualmente alerta? ¿O sientes que cada situación cotidiana que exige algo más de energía es como una bomba que crees que te dejará KO?

¿SIENTES ENERGÍA PARA AFRONTAR TU DÍA A DÍA (EUSTRÉS) O TE RESULTA DIFÍCIL Y AGOTADOR (DISTRÉS)?

¿Tus pensamientos te apoyan con mensajes de tranquilidad (eustrés) o se convierten en pensamientos circulares y conectan con la cadena del miedo y la angustia (distrés)? Estas diferencias que describo corresponden a vivencias de los dos tipos de estrés que experimentamos:

- **Eustrés.** El estrés es saludable cuando el cortisol y la adrenalina hacen su papel para ayudarnos a afrontar la vida diaria o situaciones puntuales de mayor exigencia, y luego restablecen sus niveles normales en sangre. Debemos dejar que siga su curso porque nos ayuda a vivir.
- **Distrés.** Por otro lado, está el estrés que nos daña, se mantiene en el tiempo y altera nuestra química interior. Ocurre cuando se genera cortisol en grandes dosis. Si además se mantienen esos niveles mucho tiempo, se convierte en tóxico y no se puede depurar a la misma velocidad. Al ser tóxico ataca a un «órgano diana» y genera somatizaciones y desequilibrio corporal, como dolor de estómago, insomnio, palpitaciones, etcétera.

A nivel emocional nos produce una sensación de peligro que nos hace vivir en estado de alerta. Sentimos miedo o una amenaza interna. Tenemos que tratarlo o educarlo.

Hoy se sabe que el estrés cambia la forma en que funciona no solo el cerebro sino todo el organismo. Una de las formas en que se manifiesta es en la manera de procesar la información. Si los episodios estresantes son duraderos o repetitivos, el cerebro termina modificando su estructura. Según el psicólogo estadounidense Shawn Achor, «un cerebro positivo es un 31 por ciento más productivo que un cerebro negativo, neutral o estresado».

EL ESTRÉS FAVORECE LAS CONDUCTAS
IMPULSIVAS EN LA TOMA DE DECISIONES.
A LA VEZ, REDUCE LOS PATRONES DE REFLEXIÓN
Y DE CONCIENCIA.

Todo en conjunto afecta al procesamiento y al almacenamiento de la información que proporciona el entorno. El resultado es menos acciones inteligentes y más conductas dispersas y erráticas.

Si estás en una época de estrés donde hay sobrecarga, mucha exigencia, problemas por todos lados y sientes que querrías salir corriendo, tu estrés ya no es positivo, se ha convertido en distrés. **La buena noticia es que puedes aprender a convertirlo en algo saludable y ponerlo a tu favor.** Seguramente te estés preguntando ¿cómo se hace esto?

Existen diferentes técnicas para afrontar el estrés nocivo,

entre las que destacan las técnicas de educación de pensamiento para propiciar que nuestra cabeza gire a nuestro favor y nos ayude en lugar de cargarnos con pensamientos que nos generan más estrés y malestar. También existen técnicas de educación en voluntad y actitud para afrontar las circunstancias de la vida. Si rechazamos lo que nos sucede, si nos resistimos a la vida es muy estresante. Si, por el contrario, observamos lo que sucede y emprendemos una acción para ayudarnos con la mejor actitud, podemos cambiar la situación.

Además, como vengo diciendo en este libro, los hábitos de vida saludable son muy importantes para evitar el estrés. El descanso, la alimentación, el deporte, las relaciones sociales…, nuestro estilo de vida es un factor fundamental de pronóstico de estrés. Son hábitos que nos ayudan a equilibrar nuestra química gracias a las experiencias agradables y a las nuevas alternativas que aprendemos para vivir mejor. ¡Sí se puede!

Por último, el estrés también se reduce con experiencias de éxito que crean en nuestro interior la sensación de control, nos aportan autoestima y fortaleza, y esto se consigue ensayando, haciendo planes, evaluando, observando y generando varias opciones.

¿Cómo funciona el cortisol en nuestro cuerpo?

La OMS define el estrés como **«un conjunto de reacciones fisiológicas que prepara el organismo para la acción».** Es un mecanismo hormonal que nos alerta ante situaciones que se interpretan como de riesgo. Los cambios, por ejemplo, se pueden considerar amenazantes y generan estrés. De hecho, dos de las causas más frecuentes de estrés son las separaciones y las mudanzas. Pero esto es un estrés cotidiano del que el cuerpo se recupera de forma natural por su mecanismo de regulación homeostática.

También puede ocurrir en casos que socialmente no parecen de peligro, pero para algunas personas sí lo son, como hablar en público. Pueden ser subjetivamente amenazas muy fuertes y el cuerpo reacciona como si fuera una situación muy peligrosa y tuviera que prepararse para un ataque, defensa o huida.

SI LAS SITUACIONES DE PRESIÓN SE ALARGAN
O SON DEMASIADO INTENSAS, NUESTRO CUERPO
ENTRA EN LO QUE SE DENOMINA
«ESTADO DE ALERTA CONTINUA Y ESTRÉS NOCIVO».

Las hormonas segregadas no regresan a su nivel de partida y nuestro organismo queda en alerta ante la posible adversidad.

En esa alerta continua, en el cuerpo se producen una serie de reacciones fisiológicas que activan el sistema nervioso y las glándulas suprarrenales. Ambos liberan hormonas al torrente sanguíneo que excitan, inhiben y regulan el funcionamiento de los órganos internos, pudiendo llegar a afectarlos.

Sin embargo, **a corto plazo, la liberación de cortisol es muy útil y sirve como una forma de protección para tu cuerpo.** En combinación con la otra hormona del estrés, la adrenalina, realizan muchas tareas importantes. Por ejemplo, en situaciones estresantes, te preparan para estar en la cima del juego. Las hormonas también ayudan al cerebro a utilizar la glucosa como fuente de energía. En resumen, el cortisol sirve para mejorar el rendimiento. Si tenemos que rendir bien en una situación difícil, primero se liberan las hormonas del estrés, noradrenalina y adrenalina, en un rápido estallido. A continuación se libera cortisol. La combinación de estas hormonas eleva la frecuencia cardiaca y la presión arterial, y tiene muchos otros efectos. Esencialmente, el cortisol se activa en situaciones exigentes. Hasta aquí todo bien.

La situación con las hormonas del estrés se vuelve problemática solo cuando estamos crónicamente bajo estrés y el cortisol se está liberando permanentemente. Esto se debe a que el exceso de la hormona puede conducir a una amplia gama de enfermedades físicas y psicológicas. Un exceso de cortisol se asocia con enfermedades hereditarias, hipertensión arterial y disfunciones del sistema inmunológico. Los niveles crónicamente elevados de cortisol son problemáticos para el cerebro. En estos casos, la hormona daña áreas del hipocampo, la parte del cerebro responsable de los procesos de aprendizaje y memoria.

Los niveles crónicamente elevados de cortisol también traen problemas para dormir y una calidad de sueño notablemente reducida. Esto lleva a un estado constante de alerta. De esta manera no puedes conseguir un sueño profundo (extremadamente valioso) y no puedes regenerarte lo suficiente para comenzar el día siguiente con las baterías recargadas. Un mal sueño lleva a un nivel de estrés aún mayor. Afortunadamente, puedes reducir el exceso de producción de cortisol. ¿Cómo funciona esto? Se basa en la elección del tipo de dieta y ejercicio físico adecuados. Estos son los dos factores principales que pueden contrarrestar los efectos adversos del cortisol y reducir la producción de la hormona.

Algunos hábitos de vida como el exceso de cafeína, demasiada actividad, preocupaciones insistentes o trastornos en el sueño nos predisponen a generar cortisol de manera más frecuente. Elevan su segregación y, por lo tanto, mantienen un estado más elevado de estrés saludable en nosotros.

La adrenalina, que también interviene en el ciclo del estrés, es una hormona y también un neurotransmisor que aumenta la frecuencia cardiaca, dilata las vías aéreas, contrae los vasos sanguíneos y prepara al cuerpo para el peligro. También la producen las glándulas suprarrenales ante estados de ansiedad o preocupación grave. Al igual que el cortisol, preparan al cuerpo para luchar, huir o enfrentarse a una situación que asume como peligrosa. Puede provocar el incremento de lípidos en la sangre y afectar al rendimiento cardiaco como una manera de activar el organismo.

La adrenalina, igual que el cortisol, no es mala en cantidades óptimas. La excitación ante un hecho muy deseado en nuestra vida, un plan que llevábamos tiempo esperando o una actividad con cierto riesgo producen adrenalina y no es perjudicial para nuestro organismo. El problema se presenta cuando nos exponemos de manera prolongada a esta sensación de peligro continuo.

Los efectos nocivos de la adrenalina y el cortisol se ponen de relieve con síntomas como el agotamiento físico, la pérdida de algunas capacidades fisiológicas, falta de interés por las situaciones sociales y problemas para adaptarse e interrelacionarse con el medio. Algunas de las enfermedades consideradas psicosomáticas suelen aparecer en momentos de estrés continuado. Pero se puede evitar la segregación de estas hormonas con diversas técnicas de las que hablaré más adelante.

El estrés y el rendimiento intelectual

Como decía más arriba, el estrés altera la forma en la que el cerebro procesa la información y, en consecuencia, el rendimiento intelectual. En principio, se trata de una reacción que se activa frente a una amenaza (o ante lo que nosotros percibimos como tal). Desde ese punto de vista, uno podría pensar que «estar estresado» es sinónimo de «estar alerta» y, por lo tanto, estar más atento.

Sin embargo, un estudio llevado a cabo por la doctora Candace Raio en la Escuela de Medicina de la Universidad de Nueva York señaló que, a diferencia de lo que se cree, el estrés también conlleva una pérdida de atención sobre los cambios medioambientales y del entorno. Además, reduce la capacidad para responder de forma flexible a los estímulos externos.

En otras palabras, una persona estresada es menos capaz de reconocer acertadamente los estímulos que percibe y de adaptarse a ellos. En términos de aprendizaje, supone una reducción de la capacidad de atención y procesamiento de la información.

¿Te has quedado alguna vez en blanco en el momento menos oportuno? ¿En un examen o en una conferencia, por ejemplo? Este efecto tiene mucho más que ver con el estrés acumulado de lo que creemos.

En los últimos años se han publicado estudios en revistas como *Nature Review* y *Learning and Memory* sobre el **impacto del estrés en la generación de memorias falsas,** es decir, **la distorsión de los datos y experiencias que han sucedido.** Según indican, las personas con estrés crónico o en una situación de estrés tienden a recordar más memorias falsas que genuinas. Las memorias falsas son asociaciones hechas por la propia persona de forma consciente o inconsciente, pero que a veces distan de la realidad.

Yo siempre digo que al final la memoria es la suma de lo que nos sucede, lo que recordamos que nos sucedió y lo que además añadimos nosotros.

Se sabe que existe un circuito en el hipocampo que, cuando hay grados elevados de estrés, ansiedad y depresión, no permite pensar bien. Por eso las personas con depresión presentan mayor nivel de pensamientos negativos y distorsión cognitiva; es un hecho cerebral producto de un estado alterado que afortunadamente se puede tratar y curar.

Se ha detectado que los episodios potentes de estrés, pero momentáneos, incrementan el recuerdo, la memoria emocional se fija de una manera más intensa, porque a corto plazo la memoria aumenta y registra los detalles con mayor agudeza. Sin embargo, si los episodios estresantes se vuelven repetitivos o tienen una duración muy larga, se produce el efecto contrario: disminuye la capacidad para recordar.

Sobra decir que todos estos efectos negativos son razones de peso para ocuparse de disminuir el estrés. El cuerpo y la mente, en especial a largo plazo, pagan un alto precio si no se logra reducir este factor.

9 PAUTAS PARA EMPEZAR A VIVIR SIN TANTO ESTRÉS

A continuación te recomiendo 9 pautas para vivir más relajado y en calma. Más adelante, después de hablar de la ansiedad, ampliaré la información sobre las formas de afrontar ambos, el estrés y la ansiedad.

1. Respira como rutina diaria todas las mañanas antes de levantarte o cada noche antes de acostarte. Realiza de 20 a 50 respiraciones completas atendiendo a contarlas. Esto hará que tu mente descanse y disminuya el estrés.
2. Proyéctate al futuro con ilusión y alegría, pero sintiendo el presente. Cada mañana coge un cuaderno y escribe de una a tres frases, en positivo, en presente y en afirmativo sobre aquello que deseas que llegue en este momento a tu vida, por ejemplo: «Me siento relajado, estoy en paz, la calma

llega, las buenas noticias están aquí, me siento bien». Es una forma de hacer que nuestra mente esté predispuesta para el estado de calma y relax. Es importante saber que aquello que crees lo creas, porque la mente tiende a reproducir y a hacer real lo que crees.

3. Proponte metas realistas durante la jornada, actividades que puedas terminar en ese día y que te hagan transitar un camino que te acerca a tu propósito. La conciencia de trabajo hecho hace que nos sintamos muy útiles y satisfechos.

4. Muévete, camina, nada, estírate, practica yoga, canta, baila, pon tu cuerpo en movimiento, te lo agradecerá.

5. Aliméntate, nutre e hidrata tu cuerpo de una manera consciente y amorosa. Nos nutrimos de emociones, de relaciones, de pensamientos y también de alimentos; por lo tanto, contribuye con tu alimentación a sentirte mejor.

6. Agradece como hábito de por vida, por todo lo que nos trae en sí el agradecimiento. Da las gracias al acabar el día, anota tres cosas que te hayan sucedido y que puedas agradecer, encuentra motivos por los que sentirte afortunado, seguro que los encuentras. Sentirse agradecido mentalmente es sentirse afortunado en la vida y con suerte, y esto nos genera mucha felicidad, confianza y seguridad.

7. Ríete y, si lo necesitas, libera otras emociones. Liberar emociones es muy terapéutico, pero la risa y sobre todo las carcajadas aumentan la liberación de endorfinas, nos relajan y nos hacen sentir muy bien.

8. Aprende algunas técnicas de relajación muy agradables y meditaciones guiadas. Introduce la meditación o las técnicas de *mindfulness* y atención plena en tu día a día. Será un auténtico regalo para ti, para tu cabeza y para tu corazón.

9. Descansa, duerme, para, reposa, recarga la batería interna. Qué inteligente es saber identificar espacios de recarga personal. Son espacios propios, algunos pautados por la vida, como dormir, y otros buscados y registrados en nuestra agenda de vida, como parar, vivir con más calma interna, potenciar el sueño reparador y los hábitos de sueño, reposar. Es energía de recarga vital para continuar ofreciendo lo mejor de nosotros y ser felices.

Y recuerda: **el amor y la amabilidad hacia nosotros mismos son de las cosas más potentes que podemos regalarnos,** además de ser una medicina para la salud emocional y para tratar de vivir sin distrés. «Invierte en aquello que un naufragio no te pueda arrebatar», como dice el experto en *mindfulness* José María Doria.

El poder de la risa: medicina para el estrés

Es posible que hayas oído decir que la sonrisa es el yoga de la boca. Efectivamente, la sonrisa es la gimnasia de la boca y del estado de ánimo. Nos activa la química cerebral que nos hace sentir bien, que nos conecta con el corazón y con los demás, con la amabilidad.

LA SONRISA ES UN LENGUAJE UNIVERSAL.
DESDE QUE SOMOS BEBÉS NOS HACE SENTIR
QUE TODO ESTÁ BIEN Y QUE SE NOS QUIERE.

Además de la sonrisa, tenemos la risa, esa que tanto nos gusta, que nos conecta con la alegría, con la diversión, que nos distiende y oxigena nuestros tejidos.

La risa, y más si es a carcajadas, esa que puede hacernos hasta llorar (cosa muy beneficiosa para los ojos), es muy terapéutica. Nos libra del estrés y relaja nuestro cuerpo. Además, libera dopamina y endorfinas, y cuando es compartida libera oxitocina, y todo esto beneficia la producción de serotonina, que es la hormona de la felicidad.

Gracias a esta poderosa técnica, podemos liberar nuestras tensiones y el estrés acumulado, relativizar los conflictos cotidianos, vaciar nuestra mente, tener confianza en nosotros mismos, desarrollar el sentido del humor, perder el sentido del ridículo, potenciar nuestra creatividad, ser capaces de comprender la infancia que hemos olvidado, sentir paz interior y equilibrio completo, tener más amigos que enemigos, aprender a vivir sinceramente, prevenir enfermedades, vencer nuestros miedos, recuperar nuestra vitalidad y, en definitiva, aprender la alegría de vivir.

La risa nos relaja el diafragma, nos conecta con la respiración, libera tensiones musculares, enfría el cerebro relajando los pensamientos negativos e intrusivos, y nos hace pasar un rato maravilloso.

La gran pregunta es: **¿cómo puedo hacer para reírme a carcajadas de verdad,** esas que luego hacen que nos sintamos muy felices, y más si son compartidas?

1. En primer lugar, deberías conectar con tu sentido del humor y empezar a fortalecerlo.
2. Para realizar una sesión de risoterapia, es fundamental que te olvides del sentido del ridículo.
3. Necesitas una predisposición, tener ganas de reírte

mucho, o por lo menos saber que eso te va a venir bien y dejarte llevar por el ejercicio.

4. Ocupa la mente con algo que te haga reír: recuerda situaciones divertidas que te hayan ocurrido, algo gracioso, imagina escenas de ti mismo que sean absurdas, diferentes a lo normal, situaciones ridículas que te hacen reír, conecta con tu infinita fuente de humor, busca en tu interior, no esperes al humor ajeno.

5. Recuerda que la risa tonta, la que no tiene motivo, es la reina de las risas y la más sana y curativa. Ríete de nada, aunque no tengas ningún motivo, simplemente ríe, fúndete en tu risa, danza con ella y olvídate de todo.

Seguro que eres capaz de encontrar esas razones por las que reírte mucho, risas incontrolables, risas de humor verdadero, risas sanas, risas compartidas. Y si no las encuentras, o no lo has ensayado mucho en tu vida, no te preocupes porque nunca es tarde para empezar, no existe tiempo, raza, edad ni lugar.

A REÍR SE HA DICHO

Por si no se te ocurren ideas para arrancar a reír, déjame decirte que hay mil opciones a tu alcance. Aquí comparto contigo algunas de ellas:

Utiliza un espejo y haz todo tipo de muecas, mueve tu mandíbula en todos los sentidos, así como la lengua, los ojos, la nariz, los pómulos, las orejas, el entrecejo, frunce el ceño, extiende bien tu cara. Expresa diferentes emociones: sorpresa, miedo, vergüenza, amor, entusiasmo, enfado, ira, pasión, indignación, alegría, inocencia, timidez, valentía, fortaleza, debilidad. Crea todo tipo de sensaciones mientras te miras al espejo. Esto te aportará relajación mental, emocional y física. Al mover únicamente los músculos faciales, sentirás que te liberas de toda la carga que soporta el organismo y te reirás de ti mismo.

Aprovecha películas, fotos, recuerdos, vídeos y todo lo que algún día te produjo mucha risa.

Cierra los ojos, sonríe con todo tu cuerpo, no hagas ningún sonido, siente tu risa desde dentro y deja que vaya saliendo. Entonces, empieza a reírte de forma exagerada, como si no tuvieses ganas; suele ser una risa fingida y fea, pero no importa, a veces al provocarla, te invita a sacar tu risa franca. Solo es necesario empezar y verás...

Para hacer en grupo: nos colocamos en círculo y el que inicia el juego le hace al de su derecha la mueca más estrafalaria que se le ocurra, y este al de al lado, así sucesivamente hasta llegar al primero. Uno por uno vamos realizando la ronda de gestos ridículos y os puedo asegurar que las carcajadas están aseguradas, y, como ya se sabe, la risa es contagiosa y produce una borrachera de felicidad.

Para hacer con la familia: cuando estés sumergido en las labores diarias de la casa, con los miembros de la familia también haciendo sus cosas, de repente suelta una estruendosa carcajada, aparentemente sin sentido, durante quince segundos, y también de súbito regresa a la normalidad de lo que hacías. Es posible involucrar a los familiares y conseguir que cuando oigan tu carcajada todos la imiten.

Para hacer tanto en grupo como solo: con tu móvil busca en internet el sonido de la risa de un niño. Hay uno muy especial: las carcajadas de un bebé. Enseguida brota la risa.

Para hacer en familia o en pareja: la risa causada por las cosquillas es la forma de risa más primitiva. Cuando las zonas más sensibles —axilas, flancos, cuello, plantas de los pies— reciben cosquillas, envían a través de las terminaciones nerviosas de la piel impulsos eléctricos al sistema nervioso central, lo que desata una reacción en la región cerebral. Muy pocas personas pueden resistir a esta técnica infalible para reír. ¡Pruébalo!

Para hacer en la casa solo o en familia: cada mañana, al levantarte, siéntate cómodamente con la espalda recta y dedícate a reír sin ningún motivo especial durante un par de minutos. Otra modalidad es tumbarse en el suelo y practicar los tipos de risa (alegre, acogedora, maliciosa, juguetona). ¡Verás qué divertido!

Un ejercicio de risa contagiosa: poneos en casa unos frente a otros y empieza a reírte a carcajadas, como si te acabaran de contar el chiste más gracioso del mundo. Pero no pares hasta ver cómo empiezan a reírse los demás por contagio. ¡Verás el efecto, qué risa!

Una siesta para combatir el estrés

Un estudio realizado en Australia midió el efecto que tiene la siesta sobre el cerebro y las funciones cognitivas. En él se definen tres tipos de siesta según su duración:

- **Siesta breve** (5-10 minutos). Al despertar se produce una mejora en las funciones cognitivas (más atención, memoria, capacidades de procesamiento). Su beneficio dura unas tres horas.
- **Siesta corta** (20-30 minutos). Al despertar perdemos capacidades cognitivas durante unos minutos. Sus beneficios empiezan a notarse al cabo de una hora.

- **Siesta larga** (más de media hora). Al despertar perdemos capacidades cognitivas durante casi una hora. Sus beneficios se notan al cabo de unas dos horas.

El mayor incremento de capacidades cognitivas sucede con la siesta breve. Según ese mismo estudio, lo más beneficioso es dormir unos siete minutos. A muchas personas les puede parecer contradictorio que para combatir el estrés haya que dormir. Y es que, generalmente, la ansiedad y la presión psicológica generan insomnio o derivan en un sueño superficial y poco reparador. Para la mayoría, cuando el estrés crónico se instala, el descanso comienza a ser deficiente tanto en cantidad como en calidad.

Sin embargo, en algunas personas se da el efecto contrario; es decir, el estrés les produce sueño. De este modo, si logran apartar las preocupaciones y los pensamientos repetitivos y duermen, despiertan renovados y con una mayor capacidad para hacer frente a las demandas de su entorno.

DORMIR UNA SIESTA PUEDE AYUDAR
A LA RECUPERACIÓN CARDIOVASCULAR
TRAS UNA SITUACIÓN DE ESTRÉS MENTAL.

Además, también parece tener cierto sustento biológico. Afrontar una situación estresante consume muchos recursos, empezando por la glucosa; por eso, muchas personas sienten la necesidad de comer dulce cuando experimentan tensión psicológica. Así, echar una pequeña siesta ayuda al cuerpo a mantener su homeostasis energética.

Esta puede no ser una herramienta útil para todo el mundo.

Para algunas personas dormir la siesta resulta perjudicial: se despiertan desorientadas, malhumoradas y menos ágiles mentalmente que cuando se durmieron, sobre todo si la siesta es larga. Y, para otras, sencillamente no es posible conciliar el sueño en mitad del día sintiendo la presión de las tareas pendientes. Cada individuo ha de explorar distintas opciones para gestionar su estrés y seleccionar aquellas que mejor se adapten a su personalidad.

LA ANSIEDAD

El otro gran enemigo de la felicidad es la ansiedad. Pero ¿qué es exactamente? Son una serie de síntomas que el cuerpo vive como reacción a una circunstancia interna o externa. **El cuerpo interpreta las sensaciones o los pensamientos que se producen como una amenaza y reacciona con sintomatología.**

Aparece en grados y tipos distintos. Puede no ser más que una emoción sintomática del estilo de vida, pero si comienza a incapacitar a la persona con crisis fuertes, ahogo, pánico o incluso llega a una depresión, entonces nos encontramos con un cuadro de trastorno por ansiedad.

Actualmente la ansiedad y la depresión —que van muy de la mano— son la causa principal de baja laboral. El 96 por ciento de los españoles entre dieciocho y sesenta y cinco años afirma haber vivido episodios de ansiedad en algún momento.

Pero ¿por qué se produce? La ansiedad puede aparecer por varias circunstancias:

1. Asociada a una **enfermedad médica** o por algún trastorno orgánico.

2. Debida a un **elemento externo que nos genera estrés,** o no sabemos o podemos gestionar: acoso laboral, problemas de pareja, conflictos con los hijos, apuros económicos...

3. Debida a **hábitos de vida contraproducentes,** estilos de pensamiento negativos, preocupantes, tener miedo a que sucedan cosas, vivir con miedo por ir «muy apretados» con nuestra vida, por exigirnos más de lo que podemos...

Ojalá no nos resultaran familiares, pero, dadas las estadísticas, es probable que los hayas sentido alguna vez. Los síntomas más frecuentes de la ansiedad son:

- Sensación de ahogo y falta de aire.
- Sensación de mareo o pérdida de control.
- Malestar de estómago, nerviosismo y palpitaciones.
- Nudo en la garganta, opresión en el pecho y la cabeza.
- Dificultad para eludir los pensamientos preocupantes y estar continuamente pensando en aquello que nos da miedo.
- Sentir miedo o pánico.
- Dificultades para dormir y descansar.
- Alteraciones de la alimentación.

El estrés no es lo mismo que la ansiedad, pero podría ser la antesala de esta o pueden darse juntos. **El estrés** puede estar causado por algo externo y también por algo interno —pensamientos, preocupaciones, miedos continuos—, y, **si se mantiene en el tiempo, suele dar sintomatología de ansiedad.**

ANTE LA CRISIS DE ANSIEDAD, RESPIRA

Cuando sentimos un malestar continuo en nuestro día a día o durante un tiempo, debemos prestar atención a técnicas y estrategias de afrontamiento como respiraciones, ayudarnos con el estilo de pensamiento, ofrecernos una pausa y ser más comprensivos con nosotros mismos.

Pero si en un momento puntual **sufrimos una crisis de ansiedad aguda, en la que nos falta el aire, nos encontramos mal físicamente e incluso nos mareamos o sentimos mucho miedo, lo más importante es conectar con nuestra respiración,** y controlarla para evitar hiperventilar y marearnos más.

Lo esencial es utilizar la cabeza y ser consciente de que no es nada más que una crisis fuerte de ansiedad, y que en cuanto el pico fuerte pase iremos recuperando la normalidad.

Estas experiencias resultan muy desagradables y en ocasiones incapacitantes, por eso tenemos que reaccionar en cuanto notemos los primeros síntomas.

Lo primero es **abordar la situación y afrontar los síntomas.** Si la crisis proviene de nuestros pensamientos, de exigencias internas o de miedos, lo mejor es que busquemos un profesional que nos ayude a relajarnos, a respirar, a pensar de una manera realista y a revisar nuestro estilo de vida.

Si los síntomas vienen del exterior o de circunstancias vitales —un problema laboral, económico o familiar—, también es recomendable la intervención de profesionales que nos ayuden a afrontar la situación, a prevenir crisis fuertes. En algunos casos y en función de nuestras características personales, nuestra sensibilidad o recursos, se podría valorar el apoyo médico tanto para descartar una enfermedad asociada como para apoyar nuestro equilibrio químico y afrontar la difícil etapa que vivimos.

En el caso tanto del estrés como de la ansiedad se observan diferentes patrones, uno se llama **«patrón estado»** y depende de momentos, vivencias, dificultades o situaciones dolorosas mantenidas en el tiempo.

Y el otro se llama **«patrón rasgo»,** es decir, un estilo de afrontamiento de la realidad que piensa mucho, una personalidad exigente, perfeccionista, que tiende a preocuparse en exceso por todo, que vive las emociones de una manera intensa, que tiene una alta sensibilidad a lo que sucede en su entorno.

Pero ambas formas tienen la capacidad de recurrir al aprendizaje de estilos de afrontamiento. En el caso de la ansiedad, recomiendo:

1. **Acudir al médico** para descartar otro trastorno o patología asociada, por si fuese necesario tratarlos o tomar algún tratamiento adicional.

2. Si la ansiedad que presentamos está causada por **elementos externos,** y esta circunstancia podemos abordarla, necesitamos tomar decisiones y aprender de la experiencia. Si no podemos cambiarla, habrá que aceptar la circunstancia y entrar en el desafío de cambiar nosotros, siempre ayudándonos desde la amabilidad y el respeto por nosotros mismos. En este caso será muy importante aprender a respirar, a pensar que ese momento también pasará, a entender la vida con sus subidas y bajadas, y a vivir las emociones que nos llegan con naturalidad. En este caso se puede recurrir a la ayuda de un profesional que nos guíe en el proceso de atravesar un momento difícil sin poder ponerle remedio solos, o sin saber qué hacer.

3. Si la circunstancia la provocan **hábitos no saludables,** como instalarnos en la queja continua, ver solo lo negativo, ir acelerados, exigirnos más de la cuenta, llenar

nuestra agenda, caer en la culpa por estar en un sitio y no poder estar en otros (familia y trabajo, por ejemplo), incurrir en la multitarea; si todo eso nos provoca pensar en aquello que nos causa miedo y acabamos en pensamientos circulares; si, además, no practicamos la vida amorosa, los abrazos, las relaciones personales de calidad, si no dejamos tiempo para nosotros, para hacer algo que nos guste..., será necesario introducir patrones que nos ayuden a vivir mejor y a mejorar nuestra salud y nuestro día a día. En este caso acudir a un profesional puede ser muy adecuado para que te ofrezca las herramientas necesarias para tu cuidado.

4. Lo primero que podemos hacer para ayudarnos en cualquiera de los casos, porque además será un beneficio en nuestra vida, es la **prevención,** es decir, tener hábitos de vida saludables en salud mental, psicológica y de estilo de vida. Igual que cuidamos nuestra alimentación y nuestro cuerpo, debemos cuidar nuestro pensamiento, nuestro ritmo vital y nuestras emociones.

5 PAUTAS PARA EMPEZAR A VIVIR SIN ANSIEDAD

1. **Aprender a respirar.** Se pueden hacer ejercicios diarios: al menos 5 o 10 minutos de respiración todos los días alivian mucha tensión del cuerpo.

2. **Aprender a detectar el estilo de pensamiento** que tenemos y el lenguaje que usamos con los demás y con nosotros mismos, y cambiarlo por un lenguaje amable y siempre orientado a las posibilidades. Y es importante hacer una ruta de pensamiento positivo fuerte, que actúe con firmeza y más aún cuando sentimos ansiedad.

3. **Realizar actividades que nos relajen o entretengan.** Si es necesario agendarlas, las agendamos. Puede ser un rato de amigos, música, gimnasio, correr, un masaje, ir al cine, un viaje. Haz aquello que nutra tu mente y tu corazón.

4. **Aplicar una actitud amable** para ti y para los demás, de manera que las exigencias contigo mismo se reduzcan y se cree un clima de vida más calmado. Podremos dar un ejemplo de calma y productividad si estamos atentos a lo importante y evaluamos prioridades.

5. **Atender tus relaciones personales,** y la calidad de estas. Rodéate de gente que sume, que te apoye y que te reconozca y vea cómo eres realmente. La autenticidad genera mucho relax interno y disminuye el estrés y la ansiedad.

TÉCNICAS PARA COMBATIR EL ESTRÉS Y LA ANSIEDAD

Meditación consciente o práctica de *mindfulness*

El *mindfulness* es una meditación informal, que incluye la práctica de técnicas de atención plena en nuestro día a día, la realización de breves pausas, la ralentización de nuestra vida, la observación como acto de reflexión de nuestra conducta. Se trata de centrarnos en el momento presente, sin juzgar y con la aceptación de tener un corazón abierto a lo que ocurre. Es la práctica de la amabilidad con uno mismo, para vivir lo más sereno, en paz y en calma que se pueda.

Las intervenciones basadas en el *mindfulness* tienen un papel terapéutico para fomentar la habilidad de gestionar las emociones.

Un estudio publicado en *Social Cognitive and Affective Neuroscience* mostró, tras una resonancia magnética funcional, que después de entrenar la atención plena aumenta la parte frontal del cerebro, y que cuando las personas presencian una escena desagradable, disminuye la activación de la amígdala.

Su conclusión era que aprender a practicar *mindfulness* ayuda al cerebro a regular mejor las emociones, disminuyendo la respuesta amplificada al dolor. Al cerebro de las personas con atención plena le cuesta menos atenuar la excitación emocional y su respuesta reactiva.

Una ventaja de esta técnica de *mindfulness* es que la puedes practicar en cualquier momento y lugar. Si vas a un evento familiar y te sientes algo tenso, estás en una situación que te provoca agitación o intuyes que puede ser un día de gran ansiedad, puedes escaparte cada hora para meditar cinco minutos. Respira profundo, y en esos cinco minutos reducirás las hormonas del estrés.

LA ATENCIÓN PLENA AL MOMENTO PRESENTE,
SIN JUZGAR Y CON EL CORAZÓN ABIERTO,
TE ABRE A LA VIDA Y AL AMOR.

De todas las maneras de aliviar el estrés y cuidar de ti mismo, la meditación es una de las que más se han investigado. Un estudio dirigido por la Universidad de Pittsburgh, publicado en *Cerebral Cortex* y realizado en dos monasterios tibetanos, ha mostrado que la práctica de la meditación cambia la forma en que se comunican el cerebro y el corazón. ¡Cuando meditamos, la comunicación entre el corazón y el cerebro disminuye!

Estos resultados coinciden con lo que ya se había estudiado años antes en la Universidad de París: cuanto más fuerte responde nuestro cerebro a los latidos del corazón, más pensamos en nosotros mismos.

El poder de la respiración

Detente un momento aquí y ahora. **Respira, haz una respiración profunda y después date unos segundos para respirar diez veces a tu ritmo.** ¿Cómo te sienta tomar aire, literalmente?

Según The American Institute of Stress, aprender la respiración abdominal es un valioso recurso para estimular el sistema nervioso parasimpático, lo que promueve una sensación de calma y baja los niveles de activación interior.

Según Michael Ziffra, psiquiatra en una institución de atención médica sin fines de lucro asociada a la Universidad Northwestern en Chicago, esa respiración es parecida a la meditación. Afirma que cuando estamos ansiosos tendemos a respirar de manera rápida y superficial, lo que puede llevarnos a hiperventilar y desencadenar ansiedad. La respiración profunda se concentra en los movimientos hacia dentro y hacia fuera al respirar, y lleva a la mente y al cuerpo a un lugar más calmado.

LA RESPIRACIÓN ES EL CONTACTO MÁS ÍNTIMO Y PROFUNDO CON LA VIDA, RECUERDA QUE VIVES COMO RESPIRAS.

Aunque practicar es tan sencillo como respirar profundamente, hay métodos específicos que puedes usar, entre ellos la respiración de pranayama, en la que inhalas, contienes la respiración y exhalas durante cierto número de segundos.

En un estudio de 2017 publicado en la revista *Frontiers in Psychology*, se descubrió que los voluntarios que participaron en una capacitación de respiración profunda de ocho semanas (veinte sesiones en total) mostraron niveles considerablemente más bajos de la hormona del estrés, cortisol, que quienes no asistieron a ese tipo de capacitación.

El control consciente de la respiración y la atención a las sensaciones de la actividad respiratoria se ha utilizado durante milenios como forma terapéutica y de control mental. Solo recientemente se ha podido estudiar cómo la respiración afecta o influye en el cerebro cuando la controlamos de forma consciente.

Diferentes estudios electrofisiológicos recientes revelan una sorprendente influencia ciclo a ciclo de la respiración nasal sobre la actividad neuronal en gran parte de la corteza cerebral más allá del sistema olfativo, incluida la corteza prefrontal, el hipocampo y las estructuras subcorticales. Además, se ha demostrado que la fase respiratoria influye en las oscilaciones de alta frecuencia asociadas a las funciones cognitivas, incluida la atención y la memoria. Estos estudios (algunos de los cuales han sido publicados en la revista *Journal of Neurophysiology*) apoyan cada vez más la aplicación de programas educativos de respiración para favorecer la cognición y la salud mental.

Con frecuencia asumimos que respirar es simplemente el acto inconsciente de dejar entrar y salir aire de los pulmones. Sin embargo, cuando estamos expuestos a un esfuerzo físico o a la tensión psicológica de cuidar de un familiar, por ejemplo, la respiración debe volverse un acto consciente, voluntario y controlado para contrarrestar los efectos nocivos del estrés. Podemos convertir la función básica de respirar en un instrumento poderoso para lograr una relajación que nos permita prevenir enfermedades y manejar mejor las dificultades diarias.

UNOS EJERCICIOS PARA APRENDER A RESPIRAR

Te voy a enseñar unas técnicas que, al comienzo, pueden parecerte extrañas, pero con el tiempo y la práctica se te harán fáciles y lo harás de forma natural. Lo bueno de estos ejercicios es que los puedes practicar con la persona que cuidas, si no tiene impedimentos cognitivos para seguir instrucciones. Te aconsejo hacerlos antes de que llegues a situaciones estresantes o dolorosas.

Siéntate o recuéstate y pon una mano sobre tu abdomen, por debajo de la cintura. Pon la otra sobre el pecho a la altura del esternón. Respira normalmente prestando atención a tus manos. ¿Cuál de las dos sube más?

1. La respiración abdominal

Respirar usando los músculos del abdomen, lenta y profundamente, es lo que se conoce como «respiración abdominal». La gran mayoría usa los músculos de las costillas para respirar. Por lo tanto, no respira de una forma completa y profunda. La respiración abdominal es la que causa una respuesta de relajación en nuestro cuerpo. Si logras que la mano que colocas sobre el abdomen suba más que la del pecho, es una clara señal de que estás usando el músculo del diafragma y estás empezando a relajarte.

Sigue estos pasos:

- Inhala lenta y profundamente, dejando subir el abdomen. ¿Recuerdas la expresión: «Saca el estómago o la barriga»? Déjala salir.
- Exhala (deja salir el aire) lentamente, permitiendo que el abdomen se hunda.
- Cada vez que inhales, piensa que estás en paz.
- Cada vez que exhales, piensa que la tensión está saliendo de tu cuerpo. Empieza a relajarte.
- Repite esta secuencia diez veces, sin interrupciones, mientras dejas que la sensación de paz y relajamiento se apodere de ti.

Intenta reservar un tiempo para practicar esta técnica cinco veces al día. Procura no esperar hasta que te encuentres estresado o tensionado.

Si puedes anticipar situaciones estresantes, intenta respirar con esta técnica, antes, durante y después de esas situaciones. Con el tiempo, respirar de esta manera se volverá natural y empezarás a notar el efecto positivo de la relajación. Además, puedes usar esta técnica de pie y en cualquier momento.

2. La técnica de respiración 4x4

- Siéntate recto, con la espalda apoyada en el respaldo de la silla y los pies en el suelo. Descansa las manos sobre los muslos o sobre los reposabrazos.
- Respira lentamente por la nariz mientras cuentas mentalmente: uno, dos, tres, cuatro.
- Aguanta la respiración mientras cuentas: uno, dos, tres, cuatro.
- Deja salir lentamente el aire por la boca mientras cuentas mentalmente: uno, dos, tres, cuatro.

- Descansa y espera mientras cuentas: uno, dos, tres, cuatro.
- Repite esta secuencia —¿lo adivinas?— cuatro veces.

3. Suspiro profundo

- Siéntate recto, con la espalda apoyada en el respaldo de la silla y los pies en el suelo.
- Realiza una respiración de forma natural, y a continuación deja salir el aire por la boca como cuando suspiras, con fuerza, con un sonido de alivio mientras sale el aire de tus pulmones.
- No pienses en cómo vas a respirar, simplemente deja que el aire entre en tus pulmones, lenta y naturalmente.
- Repite este ejercicio de cuatro a seis veces, lentamente.

Practica cada vez que sientas la necesidad de hacerlo o cada vez que te acuerdes.

4. Soplo en calma

- Siéntate recto, con la espalda apoyada en el respaldo de la silla y los pies en el suelo.
- Toma aire naturalmente.
- Aguanta la respiración unos segundos.
- Imagínate que estás sujetando una pajita con los labios y deja salir el aire lentamente a través de la pequeña abertura que forman tus labios.
- Continúa dejando salir el aire lentamente hasta que sientas que ya no tienes más en los pulmones.

Repite cuantas veces sea necesario hasta que te sientas relajado.

Escoge cualquiera de estas técnicas, según tus necesidades. Al practicar una de ellas empezarás a tomar control de una función del cuerpo que se volverá consciente y voluntaria. A medida que practiques, empezarás a notar que logras relajarte. Aunque no puedes verlo, la verdad es que vas a producir menos hormonas dañinas para tu cuerpo y, por lo tanto, vas a prevenir los efectos negativos del estrés.

Puedes pegar un pósit que diga respira en tu frigorífico u otro sitio por el que pases muchas veces al día. Así, cada vez que pases por allí, recordarás que tienes que respirar profundo usando los músculos abdominales y exhalar lentamente.

La aromaterapia

¿No te ha pasado alguna vez que has llegado a un lugar y el olor te ha transportado directamente a otro momento de tu vida, a un recuerdo agradable, a una sensación de paz? El olor a hierba mojada, al cocido de tu abuela, el perfume de tu padre, el olor de tu colegio… Hay olores ante los que no hace falta pensar, de repente el cuerpo hace un viaje emocional a otra época.

Un estudio publicado por la Universidad de Dresde (Alemania) en el *International Journal of Geriatric Psychiatry* mostraba que el entrenamiento del sistema olfativo es beneficioso para la salud mental. Un grupo de personas (de entre cincuenta y ochenta y cuatro años) debían oler cuatro aromas por la mañana y por la noche, durante unos meses. Al cabo de un tiempo su estado de ánimo mejoró estadísticamente.

El entrenamiento del sistema olfativo produjo beneficios en los sistemas cognitivos, emocionales y un rejuvenecimiento en la edad cognitiva. La pérdida del olfato en las personas mayores evoluciona en paralelo a su pérdida cognitiva. Entrenar el olfato produce una mejora cognitiva.

De estudios como este procede la noción de que el uso de aromas, por lo general de aceites esenciales provenientes de plantas, es capaz de cambiar nuestro estado de ánimo. Respirar ciertos compuestos produce relax a nivel cerebral inferior y también un estado ansiolítico. Algunos aceites esenciales que son populares para la ansiedad incluyen lavanda, rosa, flor de cananga, manzanilla, jazmín, albahaca, salvia y bergamota.

La manera más sencilla de realizar la aromaterapia es inhalar estos aceites esenciales colocando unas gotas en tu almohada o en un pedacito de algodón, rociarlos con un atomizador al aire o usar un difusor para propagar la fragancia. También puedes aplicarte los aceites en la piel por medio de lociones o en la bañera, pero si no se diluyen correctamente pueden irritar la piel.

El aroma tiene una conexión con el cerebro y hay ciertos aromas, como la lavanda, que activan una respuesta de relajación, y para algunas personas es eficaz. Así que si funciona para ti, úsalo.

Haz ejercicio. ¡Muévete!

Recuerda que nuestro cuerpo está hecho para moverse, pero con amabilidad y conciencia. Muchos estudios demuestran que el ejercicio mejora el bienestar y estimula las sustancias químicas cerebrales que nos hacen sentir bien y pueden ayudar a calmar la ansiedad. Está demostrado que quienes hacen ejercicio son menos propensos a sufrir ansiedad.

La práctica de ejercicio físico consciente es la manera más ampliamente recomendada de autocuidado para el estrés y la ansiedad. Intenta realizar cualquier actividad que te guste entre 20 y 30 minutos al día.

Está científicamente demostrado que el ejercicio aeróbico regula la actividad del eje hipotálamo-hipófisis-adrenal, responsable de nuestras reacciones ante el estrés. Los Centros para el Control y la Prevención de Enfermedades de Estados Unidos recomiendan cinco horas a la semana de actividad aeróbica moderada o 150 minutos de ejercicio vigoroso para personas con buena salud. De esta forma mejorarás no solo tu estado de ánimo, sino tu salud cardiovascular y tu figura.

Procura hacer por lo menos 30 minutos de ejercicios aeróbicos al día a una frecuencia cardiaca de 180 menos tu edad. Por ejemplo, si tienes cincuenta años o más, te sugiero que camines, trotes, andes en bicicleta, nades o bailes asegurándote de que tu corazón late entre 125 y 135 veces por minuto durante un mínimo de media hora. ¡Ojo! Si padeces de presión alta o tienes problemas cardiacos, consulta con tu médico antes de empezar una nueva rutina de ejercicios.

Pon orden en tu alimentación

Cada día se publican más estudios que corroboran la importancia de la atención plena en nuestros hábitos nutritivos. Aún recuerdo las primeras veces que hice retiros de meditación y *mindfulness* en los que la pauta de las comidas era silencio consciente y atención plena a la comida, a la textura, al olfato, a los sabores, a honrar la procedencia del alimento y las personas que intervienen para que llegue hasta nosotros, a la madre tierra por proveernos de él. Fue una experiencia reveladora y maravillosa. Y máxime en nuestra cultura, ya que comemos socialmente hablando, riendo y compartiendo, cosa que me chifla, pero es cierto que se desvía la atención de la nutrición, del acto consciente de alimentarnos y de las sensaciones de tu cuerpo con respecto a la comida.

La atención plena se asocia a una alimentación menos impulsiva, un consumo reducido de calorías y la elección de opciones más sanas.

Comer de forma irregular contribuye a la ansiedad al impactar en la secreción hormonal y el ritmo circadiano. Evita llegar al punto de tener un hambre voraz, escucha tu cuerpo y aliméntate en cuanto comiences a sentir apetito y deja de comer en el momento que estés ligeramente satisfecho. De esta forma siempre tendrás la energía necesaria para hacer frente a la demanda física y emocional que requiere el día a día, reduciendo los niveles de ansiedad.

INCLUYE GRASAS SALUDABLES EN TU DIETA.

Múltiples estudios demuestran los efectos positivos que tienen los alimentos ricos en grasa sobre el sistema nervioso. Sin embargo, no hablamos de cualquier tipo de grasa, sino de los ácidos grasos omega 3, por sus beneficios para la salud cardiovascular. Los alimentos que los contienen en buena cantidad contribuyen a reducir la ansiedad. Entre ellos están el ajo, aceite, aguacate, nuez, salmón, sardina, bacalao, atún, arenque, linaza y chía.

Consume alimentos que favorezcan la secreción de serotonina. Sabemos por la ciencia y por la experiencia clínica que la microbiota es un factor muy importante para nuestra salud. La composición de esta flora microscópica favorece el cuidado del intestino y de la pared intestinal, de forma que es básica para nuestro correcto funcionamiento vital y emocional.

La serotonina se secreta en gran parte en el intestino, pero no toda llega al cerebro aunque es importante para nuestro correcto funcionamiento emocional. De hecho, la ansiedad, trastornos emocionales y de origen psicosomático han experimentado una gran mejora con el tratamiento de la microbiota intestinal.

La serotonina es un neurotransmisor relacionado con la sensación de placer y tranquilidad; su disminución propicia depresión y episodios de ansiedad. Ciertos alimentos contribuyen a mantener los niveles de serotonina en forma natural porque contienen triptófano, que es el que ayuda a la síntesis de la serotonina. Es el caso de aquellos que son ricos en el aminoácido triptófano, como lácteos, garbanzos, semillas de calabaza, huevos y derivados de la soja principalmente. Incluye por lo menos uno de estos alimentos en tu dieta diaria.

El sueño, la conquista que hay que conseguir

Uno de los grandes síntomas de esta sociedad, además de la ansiedad, es el insomnio. La falta de sueño y el insomnio contribuyen al desarrollo del estrés y de la ansiedad.

Procura, en la medida de lo posible, dormirte todos los días a la misma hora. Apaga los aparatos electrónicos (teléfono móvil, tableta y ordenador) media hora antes de dormir y establece una técnica de relajación como parte de tu rutina antes de irte a la cama.

Te sugiero que antes de acostarte tomes un té de tila o valeriana, sin azúcar. Si estás tomando medicamentos, siempre consulta con tu médico antes de probar algún té nuevo o con hierbas. Después de lavarte los dientes, recuéstate en la cama a meditar unos minutos, siente tu respiración y vete relajando cada parte de tu cuerpo, una a una, desde los dedos de los pies hasta la cabeza. No permitas que ningún pensamiento ocupe tu mente, solo concéntrate en tu respiración.

Evita bebidas con cafeína por la tarde y cena ligero, por lo menos dos horas antes de meterte a la cama. **Si a media noche te despiertas, pon en práctica tu técnica de relajación nuevamente,** y si te viene a la cabeza algo que se ha quedado pendiente, escríbelo sin encender la luz y regresa a tu calma nocturna.

El ayuno tecnológico intermitente

En el siglo XXI no nos desplazamos tanto como antes, pueden pasar varios días sin que vayamos a nuestro lugar de trabajo, hay mucha gente que teletrabaja de forma continuada, hemos cambiado radicalmente el ritmo. Además, tenemos televisión, internet, ordenador, teléfono, y estos medios se han convertido en el gran divertimento.

Esto no es ni bueno ni malo mientras no sea una fuga de tiempo de otra cosa y mientras no genere una verdadera adicción. Es importante estar atentos para que no se convierta en una desconexión personal y con tu propio hogar.

Aquí propongo unas recomendaciones para hacer un uso saludable de la tecnología:

- Definir cuánto tiempo diario quiero dedicarle y para qué: por ejemplo, si durante una parte del día usamos las redes a nivel profesional, tal vez podamos hacer un uso recreativo al finalizar la jornada, como si estuviéramos en nuestro trabajo habitual, pero siempre manteniéndonos dentro de unos estándares de dedicación razonables.

- Ser consciente del momento en que queremos usar la tecnología. Debes determinar a qué horas del día vas a consultar el móvil. Si consultamos cada notificación o cada alerta mientras trabajamos, realizamos una tarea en casa o atendemos a un familiar, nuestro nivel de concentración es muy limitado, no atendemos plenamente nuestra tarea. No solo no es productivo, sino que provoca un estrés mental considerable.

- Cumplir las tareas prioritarias o de nuestra agenda primero. Es muy útil ponernos una rutina y una agenda diaria, y en esa misma agenda puede haber un lugar para estar con el teléfono a modo de ocio para navegar, disfrutar con las redes, ver las noticias y contestar los mensajes pendientes. Recuerda que la mayoría no suelen requerir tu respuesta inmediata.

- Dejar el móvil en otra habitación y consultarlo un par de veces al día. Tener las redes sociales cerradas ayuda mucho, y más si estamos conectados por otros medios, correo electrónico, teléfono fijo de casa, etcétera.

- El teléfono siempre lo tendrás. Piensa si durante el tiempo que vas a dedicar al teléfono te gustaría hacer algo que siempre has echado de menos o que has relegado por tu trabajo o por otras razones y puedes sacar un rato al día para hacerlo.

ENTENDER LAS EMOCIONES

Como hemos visto en el capítulo dedicado al cerebro, este es un órgano muy potente, es inteligente, pero no es listo.

No es el que toma la decisión correcta, es el que la ejecuta y realiza los procesos para que se lleve a cabo la orden que tú le das. Cuando le dices al cerebro «Quiero salir a correr», él ejecuta: «Voy a poner en marcha los mecanismos para ir a correr». Pero, como veíamos en el capítulo mencionado, el cerebro viene preparado para ayudarnos en ciertas situaciones, pero también con esos defectos de serie que son los sesgos cognitivos.

¿Por qué ocurre esto? Porque evolutivamente nos ha ayudado a sobrevivir y lo ha hecho haciendo que primero estemos alerta y con miedo frente a un estímulo que no conocemos, no dejando que nos relajemos. Nuestra predisposición biológica es reaccionar como si afrontáramos un riesgo. Ante cualquier cosa que no podamos controlar nuestro sistema cerebral emocional va a decir: «Peligro, peligro, peligro».

Pero al otro lado está el ser humano con una necesidad vital, una pulsión de entender para qué está aquí, de encontrarle sentido a su existencia, de ser feliz, de dejar un legado. Parece que estos dos lados entran en contradicción y no nos damos cuenta de que a lo mejor hay que desactivar un poquito más la parte de la alerta cuando no sea necesaria. A lo mejor hay que empezar a conectar más con esa necesidad vital, con esas cosas que nos conducen a la felicidad de vida que queremos aprender. En los últimos años parece que vamos entendiendo que esto es una necesidad.

Las emociones no son positivas o negativas, las emociones son todas saludables, son necesarias, no se puede vivir sin ellas, nos dan información del mundo. Pueden ser placenteras o incómodas, y amables o desagradables, pero todas tienen su momento y su función.

El miedo

Es un avisador, nos dice que nos preparemos o que tengamos cuidado al ir por un lugar concreto. El problema viene cuando a ese miedo empezamos a darle más importancia de la que tiene. Lo que no es sano es que le demos una carga adicional al miedo, lo que llamo «miedo al miedo»: de ahí viene la ansiedad y el pánico.

Tendemos a estar pendientes de este tipo de pensamiento porque tenemos el sesgo cognitivo de creer que si reflexionamos mucho sobre algo, se va a solucionar. Sin embargo, es justo lo contrario. Cuando le damos muchas vueltas a algo que no es solucionable o controlable en ese momento, llega un punto en que estamos tan habituados a eso que el pensamiento se nos cuela sin que queramos, se instala.

Y ahí es donde tenemos que poner freno, aprender que es necesario dar el espacio justo a los pensamientos. Con las emociones ocurre lo mismo. Tenemos que dejar que pasen por nuestra cabeza y las atendamos en su justa medida porque vienen a darnos una información del exterior o del interior.

EMOCIONES NO GESTIONADAS,
OBSESIONES AUMENTADAS.

Es más sencillo de lo que creemos. Pero cuando digo «sencillo», me refiero al mecanismo en sí; lo que no es tan sencillo es poner en marcha la solución, pero si conocemos las herramientas y el entrenamiento podremos hacerlo.

Imagínate que un día recibes una mala palabra y te quedas sin poder responder, y se te llena el cuerpo de emoción y no la sueltas, vas a casa y crees que ya se irá, pero la emoción, al no ser atendida, se sube a la cabeza en modo obsesión y entonces empiezas a pensar por qué habrá pasado, que deberías haber hecho esto, lo otro, que si tal o cual... Y así puedes seguir hasta que te montas un castillo en la mente, donde has aumentado la realidad con tu propia cosecha, que además no ha salido especialmente buena.

Te recomiendo que gestiones tu emoción, que la liberes adaptadamente, que te ayudes a volverte a encontrar para que no regrese un exceso de obsesión innecesaria.

Para aliviar estas situaciones, al estar emoción y pensamiento directamente unidos, podemos trabajarlo desde la liberación de la emoción de manera adaptada, o desde la reestructuración mental del pensamiento para ayudarnos a variar nuestro estado emocional, o incluso desde la visualización.

1. Primero tenemos que ser conscientes de que nuestra cabeza está muy llena de pensamientos, rumiaciones, obsesiones, pensamientos preocupantes. A veces esto nos da dolores de cabeza, otras ansiedad, contracturas, empieza a producir somatizaciones porque la cabeza no está hecha solo para pensar, está hecha para otras muchas cosas. El ser humano no es solo pensamiento —que es hacia donde se nos ha ido la balanza—, el ser humano es un ser que siente, siente físicamente, siente emocionalmente, es bueno bajar al cuerpo.

2. Lo segundo que tenemos que hacer es reducir la velocidad de los pensamientos, ayudando a la fisiología. ¿Cómo se ayuda a la fisiología? Con la respiración, como he

explicado antes. Conectándote a la respiración como hábito diario: una respiración consciente de cinco a diez minutos diarios es una medicina de por vida. Si haces meditación, mejor todavía.

Por otro lado, cuando tengamos pensamientos que nos hacen daño, vamos a intentar darles la vuelta. Si yo pienso todo el rato «Me van a atropellar, me van a atropellar, me van a atropellar», sin tener ninguna evidencia, me planteo dos opciones. Una es decir: «No voy a ir por ahí para que no me atropellen», y la otra: «Vamos a ver, no tienen por qué atropellarme, voy a probar». Se trata de valorar la objetividad de ese pensamiento y ver si le podemos dar una nueva ruta en nuestro cerebro. El cerebro es muy obediente y tiende a creerse aquello que le decimos, y más si lo hacemos de manera repetitiva: entonces suele mandarnos una señal de sentimiento y de emoción.

Se trata de generar una ruta alternativa consistente, porque así será mayor su peso, y cuando acuda nuestro neurotransmisor decidirá coger la carretera más fuerte y no la débil.

El autoamor

Una de las mejores herramientas para conseguir lo anterior es entrenar el autoamor. Vamos a entrenar el autocuidado, a instalar dentro de nosotros a nuestro mejor amigo, a ese padre o a esa madre que nos gustaría tener, y para eso es importante ser consciente de los mensajes que nos decimos.

Cuando has hecho algo y estás evaluando qué te ha salido mal o en qué te has equivocado, párate y di: «Lo he hecho lo mejor que he podido, no está tan mal». Tenemos que darle la vuelta de alguna forma.

En terapia vamos un poco más allá y preguntamos para qué te hablas así, dónde está la ganancia. Igual que cuando hay fobias y miedos muchas veces acabamos preguntando: «¿Qué es lo peor que podría pasar si...?». Yo recomiendo que esto se haga siempre con acompañamiento terapéutico.

Lo que voy a proponerte es que instales dentro de ti a tu mejor amigo, que te va a decir las cosas con cariño, con amabilidad, que va a ser sincero contigo, y va a cuidarte y atenderte. Ponte a ti mismo como prioridad en tu vida, porque no hay nada más importante. Y debes saber que esto es un entrenamiento, igual que correr o el fitness, que requieren un tiempo, un proceso, una constancia. En ocasiones tendremos que recurrir a otros profesionales para que nos ayuden, por ejemplo si tenemos que salir de algún desajuste químico. Pero lo primordial es estar bien, porque eso que tú sientas es lo que vas a dejar aquí.

Hablo de la psicología de la vida cotidiana. Cuando existe una enfermedad mayor es otra cuestión, las exigencias son otras. Aquí hablo de cuando nos hemos generado un problema sin querer, por hábitos, o cuando una circunstancia externa vital estresante nos genera un problema y no sabemos salir.

Cuando somos nuestro peor juez

Hay veces que oigo a la gente decirse cosas tremendas. Les digo: «Lo que te acabas de decir me duele hasta a mí». No se dan cuenta de la tremenda frase o palabra que han pronunciado, ni tampoco son conscientes de la huella que está generando ese mensaje en su cerebro tanto a nivel emocional como de creencias limitantes y tóxicas.

Debemos ser conscientes del tipo de exigencias y cargas a

las que nos estamos sometiendo. Debemos ser justos y realistas con nosotros mismos, ser amables y tener compasión con nosotros mismos, porque si no, lo más probable es que enfermemos emocionalmente y eso lo vayamos desplegando en nuestro entorno. Nadie quiere esto de forma consciente. Las personas quieren estar felices y hacer lo mejor para los demás y los suyos. Pero cuando estamos mal y nos sentimos maltratados, en primer lugar por nuestra voz interna, es muy difícil que veamos y sintamos el entorno como un lugar amable y acogedor. Lo más probable es que percibamos el mundo como peligroso y hostil, y que nuestras relaciones se conviertan en una fuente de estrés en lugar de una fuente de apoyo y placer.

Sentirse querido es esencial. Uno de los valores de la pirámide de Maslow es tener la sensación de pertenencia y de seguridad. Somos seres sociales y necesitamos relacionarnos. De hecho, la oxitocina no se desarrolla si no es en relación con los demás y es importantísima para nuestro equilibrio emocional. Pero para dejarnos querer primero tenemos que querernos a nosotros mismos.

La tristeza

Tenemos que querernos para entender nuestras emociones. Por ejemplo, tener la emoción de la tristeza no quiere decir que estés atravesando una depresión. Para diagnosticar una depresión hace falta haber observado determinados síntomas durante un tiempo. Estos síntomas tienen que estar limitando tu vida de una manera considerable y que tu actitud no pueda modificar este trastorno.

La depresión no es lo mismo que la tristeza como emoción. La depresión se manifiesta con un síntoma, que es una sensación de tristeza exagerada, de vacío, pero además tiene muchos más, como el agotamiento vital, el cansancio, la pérdida de apetito. Todos esos síntomas se tienen que mantener en el tiempo y, además, tienen que ser incapacitantes para tu vida. Por ejemplo, un cuadro de ansiedad que empieza a limitar tu vida. Una ansiedad generalizada, que te impide ir a determinados sitios y procuras evitar situaciones de la vida cotidiana. Estamos hablando de un cuadro de ansiedad a lo largo de más de quince días o un mes. Si se da, hay que ponerle remedio psicológico y a veces médico también.

La tristeza es una emoción que te deja un poco aplastado, con sensación de vacío, te entran ganas de llorar. Puede durar unos días. La mayoría de las veces necesita días para depurarse. La tristeza es la que limpia nuestra casa interna. Sería como el pez ese que se come la porquería de las peceras. Viene a transformar totalmente y regenerar tu interior en cuanto a tu energía vital.

Lo que ocurre es que, si no la escuchamos, empezamos a somatizar de otra manera. Muchas veces, por no escuchar a la tristeza, llega la ansiedad. La ansiedad aparece cuando se atascan las tuberías de cualquier tipo, se atasca la rabia, se atasca el control. Se puede somatizar con lumbalgia, cervicales, jaqueca; es decir, todo lo que nos ocurre con las emociones va al cuerpo. El cuerpo es el que te va a hablar cuando tú no eres capaz de escuchar de otra manera. La persona es pensamiento, mente y cuerpo, emociones, entorno, vida, trabajo... Es todo.

Cuando una persona tiene alucinaciones o un desvarío, o se quiere suicidar en un momento dado y lo intenta, parece muy evidente la necesidad de un apoyo médico. Pero cuando una persona empieza a encontrarse con un nudo en la garganta, incómoda, respira mal, tiene ataques de pánico o de ansiedad, quizá no cree que sea tan grave. Llegan los primeros síntomas y no tiene los recursos o no los ha buscado, y ha seguido ese malestar. Entonces se puede cronificar y se desestabiliza la química corporal. El cortisol se dispara tanto que se convierte en tóxico, y eso desequilibra la serotonina, la microbiota intestinal, y el cuerpo empieza a somatizar.

En estos casos puede hacer falta un tratamiento psicológico o las herramientas que vamos a dar para que funcionen con un apoyo médico. No temas pedir ayuda. En ocasiones no hará falta medicación y será suficiente un tratamiento natural.

Inteligencia de vida. El poder de las cosas sencillas

Es vital saber que, para ayudarnos a ser felices, para mantenernos con energía positiva, para que nuestro cuerpo tenga siempre esa motivación, es básico tener «ilusiones al frente». Mi abuela decía «un títere en la cabeza». Ella quería decir un proyecto, una ilusión, sea la que sea. Es importante tener un motivo, un propósito, una misión, una tarea, una posibilidad de ser útil o unos preparativos para cualquier celebración. Puede ser que esta noche vayamos a cenar, que mañana vayamos a ver nuestra serie favorita, que hemos aprendido a coser o que nos estamos preparando para examinarnos de las pruebas de teatro. Siempre es bueno tener ilusiones al frente, y cuando se acaba una —aunque a veces sea como un duelo, que cuesta despedirse de ellas—, la buena noticia es que la vida te permite escoger otro títere para disfrutar y desarrollar.

Las ilusiones

Lejos de ser algo idealizado o ilusorio, son importantes porque movilizan tu química y generan motivación, capacidad y ganas de acción. Nos dan un motivo para seguir, porque sin ilusiones la química suele venirse abajo. La vida consiste en estar aquí y ahora, en darte cuenta de lo que haces hoy, porque hoy es donde configuras el mañana. Pues se trata de que hagas lo que toca hoy, pero siempre con esa mirada ilusionante hacia el futuro.

Mucha gente me dice: «Ana, ¿cómo es eso de que no tenemos que pensar en el futuro pero luego hay que proyectar para conseguir algo?». No tiene nada que ver anticipar, preocuparse, querer controlar y salirte del aquí y ahora para estar en el mañana con tener una visión de algo que te ilusiona del mañana, pero sabiendo que eso se configura en cada momento en el que estás. Esto hay que recordárselo al cerebro, hay que recordar que la vida es hoy, que miramos al futuro con ganas, pero que lo real es ahora. Es una de las claves para ser feliz.

Las quejas

Pondré un ejemplo cotidiano. Por ejemplo, ir por la calle en actitud de queja, que a veces se hace de forma inconsciente y termina por convertirse en hábito, en una forma de estar en el mundo. Incluso podemos ir reforzando cada vez más esa conducta porque observamos que contando algo negativo atraemos la atención de la gente. Esto es realmente peligroso para nuestro estado mental y es importante no caer en la trampa.

Si el día a día lo llenan las quejas, la sensación de que todo sale mal, aunque comience como una broma, y se repite, tenemos que recordar que el cerebro no es un músculo, pero funciona como si lo fuera. Si repetimos una acción en el tiempo, esta ruta en tu cerebro se hace fuerte y se desarrolla.

Y ¿qué crees que pasa si lo que más practicas es pensar en tu mala suerte, verbalizar la queja y tener una actitud de pensamiento negativo? Empiezas a adoptar una forma de actuar que comienza a configurar tu personalidad y tu forma de estar en el mundo.

Yo siempre digo: «Vamos a intentar ver qué es lo que nos perjudica y, si queremos, lo cambiamos». Tenemos ese superpoder, y ahí nace todo: de una decisión y a continuación de poner en marcha unas herramientas. Por ejemplo, de vez en cuando es muy bueno recordarnos que nos encanta nuestra casa, en lugar de pensar: «Ay, tendría que pintar, esto está roto...». Es evidente que no todo va a estar perfecto. Es verdad que el cerebro tiende también como sesgo cognitivo a buscar aquello que tiene que solucionar. Le decimos: «Gracias, cerebro, pero esto de lo que me quieres avisar ahora no me ayuda. Gracias, mente, pero voy a pensar en aquello que me agrada».

Así seguro que encontramos cosas positivas de nuestra vida. Los viajes, los voluntariados, vivir otras culturas pueden ayudar muchísimo a relativizar y a ver todo lo que tenemos que agradecer, porque a menudo estamos tan inmersos en el día a día que hay que hacer un ejercicio de voluntad, porque si no nos acostumbramos. Es otra de las capacidades que tienen el cerebro y el cuerpo humano. Se habitúan y convierten en normal algo que es extraordinario.

Recuerda que cada vez que nos quejamos con emoción asociada, nuestro cerebro percibe dolor similar al físico, es decir, que las quejas y las actitudes de crítica que no son constructivas crean dolor. No seas cómplice de ello y aprende a quejarte.

Las críticas y quejas son los desechos que no queremos en nuestro cuerpo y necesitamos soltar. Nuestro metabolismo emocional se parece mucho al metabolismo digestivo, y al igual que hacemos nuestras necesidades en el inodoro en un baño, debemos saber dónde vamos a vestir nuestros desechos emocionales.

Si te quieres quejar, en primer lugar elige con quién te vas a desahogar y pide permiso para volcar la porquería emocional, porque esa persona se va a quedar con tus excrementos. En este caso, cuando termines, intenta limpiar un poco la escena del crimen, da las gracias o cierra con una actitud de cambio constructivo.

Pero lo ideal para la queja es usar un cuaderno que nos ayude a escribir y soltar toda la porquería que tenemos con emociones fuertes asociadas incluidas y cagarnos en quien nos nazca en ese momento; el papel es el WC y ahí podemos soltar. Nuestro cerebro sabe que solo es desahogo y que luego romperás el papel y lo tirarás. Esta técnica es muy útil dedicándole un máximo de diez minutos por día y desechando el contenido.

¿Cómo podemos cultivarnos más por dentro?

Recomiendo dejar un espacio en la agenda que diga: «Espacio para mí». En ese espacio es muy importante hacer algo todos los días que te haga disfrutar mucho y que esté a tu alcance en ese momento. Es decir, no servirá decir: «Es que me hace disfrutar mucho viajar al otro lado del océano». Vamos a ser realistas y vamos a ver qué te hace disfrutar aquí. Un baño relajante con sales, música, velas, darte un masaje, un paseo oliendo el entorno, prepararte una taza de chocolate, una lectura inspiradora, una llamada a alguien con quien te ríes a morir y que cada vez que cuelgas te sientes más llena, pasar un buen rato jugando con tus hijos.

Entregándonos a ese momento es cuando podemos valorar las pequeñas y maravillosas cosas que tenemos en nuestra vida. Estos son ejemplos del disfrute del día a día, de eso que te acerca realmente a tu bienestar emocional y a tu felicidad cultivada y duradera.

Habrá días más intensos, otros menos, pero siempre es importante tener esa sensación de respirar y desconectar, ser consciente de qué agradable ha sido el café que me he tomado esta mañana mientras veía las noticias o leía un libro. Y qué ilusión me hace el maravilloso viaje que voy a hacer en cuanto todo esto pase. Lo cotidiano y lo puntual son extraordinarios y maravillosos. Por eso recomiendo disfrutar del día a día y no centrarse únicamente en lo puntual o en el sueño lejano que sucede una vez al año. Esto provoca vivir de verano en verano o de fin de semana en fin de semana. La felicidad verdadera está en hacer el camino. Intenta dirigir la mirada al sueño futuro sin perderte los placeres y las cotidianidades de cada día, y que la queja o los malos ratos que pueda tener ese día no superen lo que te gusta y te hace sentir bien. No podemos focalizar únicamente lo que anhelamos, lo que no tenemos, lo que no funciona. Ese sí que es el camino contrario a la felicidad, ese camino no lo quiere nadie, y está en tu mano saber encontrar el adecuado en tu vida.

La alegría

Un ejemplo muy gráfico de poder vivir todas las emociones en diversas circunstancias es que se puede estar pasando por una época triste y tener momentos de alegría y de risa. Puede que alguien a quien quieres esté enfermo o a punto de fallecer, y no por eso vas a dejar de sentir alegría en un abrazo de un familiar a quien hacía tiempo que no veías y agradecimiento por el amor que recibes.

Debemos intentar mantener una mirada equilibrada de las cosas que tenemos en la vida que nos encantan y de cuántas eliminaríamos. Son muchas más las que nos encantan que las que no nos gustan, pero el cerebro vuelve a querer ocuparse de aquello que tiene que solucionar. Lo que no sabemos es que para llegar a la felicidad tendremos que integrar las dos cosas y decir: «Sé aceptar lo que me genera malestar, pero me centro en lo que me genera felicidad y lo agradezco».

Esa es la verdadera inteligencia de vida. Poner la razón al servicio de tu corazón y de tu ser es utilizar esa inteligencia del cerebro tan potente al servicio de esa alma que tenemos tan profunda y darle también un poco de sentido espiritual a nuestra vida. Gracias a lo que aprendemos, todo adquiere sentido, hasta lo que creíamos que no podríamos superar, si lo vemos *a posteriori* cuando la emoción es más sosegada y no hay tanto dolor o rencor.

En este momento, solo con esta lectura tus neuronas ya están nutriéndose de este mensaje, ya están iniciando un camino de aceptar lo que viene en la vida con inteligencia. Imagina por un momento un atasco, un retraso en el metro y que vas con prisas. Imagina que te agobias, porque es humano. Tienes dos opciones: enfadarte y despotricar, agobiarte y ponerte ansioso, o decir: ¿qué puedo hacer? ¿Puedo empujar el metro? ¿Puedo mover la fila de coches? Entonces, en esa circunstancia que no te gusta nada, en lugar de aumentar el malestar, intenta pensar: «Hago lo que puedo. Llamo, aviso que llego tarde y luego soy compasivo conmigo». ¿Cómo? Respirando, pensando que a veces pasan estas cosas, que tampoco se va a morir nadie porque llegues media hora tarde. Esto es un entrenamiento, se aprende con el hábito. Porque todas las veces que te has hablado mal y que estás agobiado, tienes que sustituirlas en tu cerebro por otras rutas, por cosas de buen trato, de autoamor.

Y esta posibilidad de generar siempre diferentes formas de actuar en la vida es de lo que nos habla la flexibilidad del ser humano y la neuroplasticidad, de ir creando conexiones nuevas siempre y en función de lo que vayamos practicando. El cerebro se relaciona por conexiones, las conexiones se crean por hábitos, como un músculo que entrena, son puentes que tú creas, generando tú esa opción. Si yo, por ejemplo, cuando veo el color verde, pienso en algo positivo, me estoy creando la conexión de que el verde es igual a algo positivo. Pues así funciona nuestro cerebro, por lo que cuando queramos cambiar la actitud negativa y la queja por otra mirada más amable y real, será cuestión de una práctica adecuada y sostenida en el tiempo.

Por lo tanto, nuestras conexiones cerebrales son de vital importancia, tanto las que nos hacen daño como las que nos ayudan. Y es importante mencionar que las conexiones creadas no desaparecen, pero sí podemos crear otras alternativas más fuertes que hagan que la anterior se debilite y tengamos un nuevo hábito muy entrenado y fortalecido.

Habrá un camino que he entrenado pocas veces y por eso hay piedras y parece que está oscuro; en cambio, el camino muy trabajado se presenta como un pedazo de autopista que encima no tiene peaje, por donde irá nuestro pensamiento y, como consecuencia, nuestra conducta.

Por eso siempre propongo que nosotros nos digamos, nos hablemos, miremos aquello que siempre nos va a ayudar y seamos conscientes de lo que hacemos frente a las situaciones para entrenar el lado adecuado y así ayudarnos a vivir mejor. Y esto no quiere decir que nos engañemos, quiere decir que seamos conscientes de cómo vivimos, que respiremos lo que sentimos y a partir de ahí tomemos la decisión de ser amables con nosotros y entrenemos a nuestro favor, porque es realmente posible.

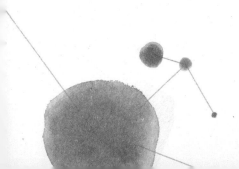

6

CEREBRO Y CUERPO: LA CLAVE PARA LA FELICIDAD

NO SE PUEDE SEPARAR LO QUE ESTÁ UNIDO

¿Damos demasiada importancia al objetivo de ser felices? Si nos estresa el reto de buscar la felicidad, el problema no es esa felicidad en sí misma, sino el estrés que la rodea. Es normal que busquemos nuestra dicha, necesitamos la felicidad como compañera de viaje a lo largo de nuestra vida, aunque no pasa nada si un día puntualmente la perdemos.

Las personas que llegan a la meta de comprender realmente qué es la felicidad, qué es sentirse maduramente bien, qué es estar en paz con uno mismo y vivir en coherencia, pueden ir más relajadas por la vida. Esto se traduce en salud mental y general, porque todo está relacionado.

Si tu mente se encuentra en un momento de caos, eso provoca problemas con la familia, con el trabajo, con el cuerpo.

UNA PERSONA CENTRADA Y QUE SABE
LO QUE QUIERE GENERA ARMONÍA,
QUE SE TRADUCE EN BIENESTAR.

La paz interior resulta mucho más saludable que el sufrimiento, que suscita enfermedades más graves que un dolor de cabeza o una úlcera de estómago, ya que el cuerpo funciona más armónicamente cuando existe esa tranquilidad interna.

Una de las cuatro áreas de la felicidad es la salud, y para mí, como imaginarás a estas alturas, es la esencial. **La mente puede hacer mucho bien, pero también puede hacer mucho daño: es importante que la voluntad y la consciencia entren en juego para que la mente vaya a nuestro favor.** El sufrimiento que es evitable también nos aporta la capacidad de cambiarnos a nosotros mismos. La gran mayoría de las cosas por las que sufren muchísimas personas son innecesarias. Con un cambio de perspectiva se puede dejar de sufrir. Romper con la pareja, tener un problema en el trabajo, algo que no sale como se esperaba, todo nos genera mucho sufrimiento y, sin embargo, podemos aprender a que no nos provoque tanto dolor porque son situaciones que forman parte de la vida.

Los pensamientos negativos en la salud resultan muy dañinos, porque si nos identificamos con ellos aumentamos nuestro propio sufrimiento, y eso tiene consecuencias en el organismo. Como el cuerpo es tan poderoso, no pasa nada si esos pensamientos son algo puntual, pero resultan trascendentales si aparecen la mayoría de los días y les hacemos mucho caso. Si tienes muchos pensamientos negativos eres más propenso a generar una enfermedad, porque el sistema inmunitario se debilita muchísimo.

La Universidad de Helsinki también estudió que los «corazones se hablan» a través de su campo magnético. Esto quiere decir que si tienes buen rollo con el de al lado, lo notará, y si tienes mal rollo, también, incluso cuando ninguno de los dos sois conscientes de que esta comunicación se está produciendo.

Además observaron que cuando las personas que están

juntas sintonizan y empatizan, buscando con su antena comunicativa frecuencias similares, y se entienden —porque el ser humano por esencia busca entenderse con los demás y sentirse entendido—, sus corazones y sus cerebros se acompasan, y esto se traduce en que somos un poco más el otro, y el otro es un poco más nosotros: por eso se dice siempre que somos la media de las cinco personas con las que más nos relacionamos, y por eso te digo yo: dime con quién vas y te diré en quién te puedes convertir.

LOS PENSAMIENTOS NEGATIVOS TE IMPIDEN SER FELIZ Y DISFRUTAR DEL AHORA.

Entre la mente y el cuerpo existe una estrecha correlación, y las investigaciones científicas más recientes demuestran la influencia que los pensamientos tienen en los procesos biológicos. Recuerda que no se puede separar lo que ya está unido, somos un TODO. La mente no puede ir por libre sin el cuerpo, ni el cuerpo es independiente de la razón, ni el espíritu es independiente de nuestros órganos.

Ojo con los pensamientos negativos, porque dejan un rastro en el cerebro más duradero que los positivos. Por eso es tan importante hacer referencia a lo positivo de nuestro día a día, y por cada queja, que deja un rastro de veinticuatro horas en nuestro cerebro, necesitamos tres agradecimientos.

Se ha visto que recordar cosas del pasado que hayan sido verídicas o incluso recuerdos inventados, pero que se sienten como reales, siempre que sean agradables, mejora la salud e incrementa las sensaciones de bienestar físico y mental, pues el cerebro reacciona positivamente ante estos estímulos.

Recuerda que tu cerebro está preparado para protegerte, por eso reacciona antes de nada al peligro y al miedo, pero es necesario que le recordemos las cosas bonitas, porque para vivir bien, para tener una vida de calidad, necesita atender a aquello agradable, placentero y amoroso: de hecho, el cerebro se rinde ante las caricias y repara el dolor a través del tacto y del abrazo.

EL NERVIO VAGO QUE TODO LO UNE

El nervio vago es el décimo nervio craneal y es el que tiene la distribución más extensa de todos los nervios craneales. Llamado así no porque trabaje poco, sino por su tendencia a *vagabundear*, **actúa como una centralita de información neurológica, comunicando la mayoría de los órganos del cuerpo con el cerebro.**

SU PRINCIPAL FUNCIÓN ES RELAJARNOS
ACTIVANDO EL SISTEMA NERVIOSO PARASIMPÁTICO.

El nervio vago **es el más largo y complejo del cuerpo:** sale del cráneo a través de un pequeño agujerito, y llega a las orejas, la garganta (faringe y laringe), la lengua y gran parte de nuestros órganos más importantes: el intestino, el estómago, el corazón, el hígado, el riñón, el aparato reproductor y los pulmones. Es parte clave del sistema nervioso parasimpático, que se encarga de preparar el cuerpo para el descanso, y, entre otras cosas, **controla la frecuencia cardiaca y la presión sanguínea.**

La relajación debería ser su estado predeterminado, pero en las personas con problemas de estrés o ansiedad es posible que no sea el caso.

¿CUÁNTO TRABAJA EL NERVIO VAGO?

En general, podemos resumir las tareas de este gran nervio crucial para nuestro funcionamiento en:

- Nos relaja tras una situación de estrés.
- Regula el latido cardiaco y el ritmo de la respiración.
- Facilita el buen funcionamiento del aparato digestivo mandando información al cerebro sobre la digestión para que todo funcione bien.
- Mejora las funciones inmunitarias y antinflamatorias. En el intestino tenemos la mayor cantidad de células del sistema inmunitario, por eso la acción de este nervio es tan importante para aumentarlas.

Los problemas que resultan cuando el nervio vago no funciona correctamente son muy numerosos. Por el contrario, estos son los beneficios de su activación:

- Está asociado al crecimiento y la ganancia de peso en bebés. Los estudios han mostrado que la motilidad gástrica estimulada por el nervio vago produce una mejor absorción de la comida y una mayor ganancia de peso.
- Aumenta la filtración en los riñones y la excreción de sodio, y como consecuencia disminuye la presión sanguínea.

- Libera acetilcolina, que ayuda a disminuir la inflamación.
- Favorece la fertilidad, ya que influye decisivamente en los órganos reproductores.

Además de iniciar la respuesta de relajación, influye en la reducción de la inflamación, en el almacenamiento de recuerdos desagradables y en el mantenimiento del cuerpo en un estado de equilibrio interno, y gestiona la producción de muchos neurotransmisores importantes, especialmente el gaba, la norepinefrina y la acetilcolina.

Cuando el nervio vago está funcionando como debería, se dice que se tiene un tono vagal alto. El tono vagal alto está relacionado con la buena salud física, el bienestar mental y la resistencia al estrés. Cuando el nervio vago no está funcionando tan bien como debería, se tiene un tono vagal bajo.

LAS PERSONAS QUE SE ESTRESAN FÁCILMENTE
Y TIENEN PROBLEMAS PARA CALMARSE
DESPUÉS DE EXPERIMENTAR ESTRÉS
ES POSIBLE QUE TENGAN UN TONO VAGAL BAJO.

Dado que una de las muchas funciones del nervio vago es actuar como un interruptor para la inflamación interna, además de su respuesta frente al estrés, el tono vagal bajo a menudo conduce a la inflamación crónica, un factor relevante en muchas enfermedades del cuerpo y la mente, incluyendo ansiedad, depresión, trastorno por déficit de atención con hiperactividad, alzhéimer, enfermedad cardiaca, cáncer y diabetes.

Además, el tono vagal bajo se ha relacionado con una larga lista de condiciones de salud física y mental que van de leves a graves e incluyen ansiedad y depresión, zumbidos en los oídos, dificultad para tragar, dificultad para hablar, síndrome del colon irritable, reflujo gastroesofágico, acidez de estómago y enfermedades inflamatorias intestinales, como la enfermedad de Crohn y la colitis ulcerosa, entre muchas otras.

La influencia del tono vagal en la salud es generalizada y afecta a muchos sistemas importantes. De ahí que algunos síntomas y trastornos relacionados con el bajo tono vagal sean los siguientes:

- Estreñimiento
- Depresión
- Diabetes
- Desórdenes de ansiedad
- Trastornos autoinmunes
- Desorden bipolar
- Dificultad para tragar
- Tendencia a atragantarse al comer
- Desórdenes digestivos, como la gastroparesia
- Ronquera
- Migrañas
- Obesidad
- Artritis reumatoide
- Subidas repentinas en la presión arterial
- Enfermedad cardiaca (aumento de la frecuencia)
- Adicciones
- Alzhéimer
- Síndrome de fatiga crónica
- Epilepsia

Hay muchas **maneras de estimular el nervio vago** para mantener el tono vago alto y saludable. Los investigadores usan con mayor precisión el término «modulación del nervio vago», referido a su capacidad de regular o equilibrar. De este modo, lo que estimula el nervio vago es aquello que lo tonifica y lo fortalece, al igual que el ejercicio tonifica y fortalece los músculos.

Algunos ejercicios y terapias cuerpo-mente que ayudan a mejorar el tono del nervio vago son las siguientes:

- **Movimiento.** Es un gran ansiolítico, antidepresivo y un medio de antienvejecimiento celular. La mayoría de nuestras neuronas son motoras y están por todo el cuerpo, las utilizamos para casi todo: pensar, bailar, hacer deporte, hablar... El movimiento, el deporte y el baile mejoran su actividad y la conexión entre ellas y regulan adecuadamente su habla. El deporte consciente y saludable está ligado a un mejor funcionamiento de nuestro cuerpo y a prevenir un envejecimiento prematuro de mente, cuerpo y, como consecuencia, del alma también.

- **Cantar.** Entonar canciones solo o con otras personas estimula el nervio vago. Si cantamos en grupo, la frecuencia cardiaca se sincroniza. Las investigaciones realizadas hasta la fecha concluyen que el nervio vago es responsable de sincronizar las frecuencias cardiacas entre las personas, lo que ayuda a la sintonía con otros, a sentir amor y a la salud emocional y general.

- **Meditar.** Un estudio descubrió que meditar ayuda automáticamente a tonificar el nervio vago. Se ha descubierto que el canto de la sílaba «om» con la vibración de la lengua apoyada en el paladar aumenta el tono vagal al mismo tiempo que reduce la actividad en la amígdala, el centro de miedo del cerebro.

- **Yoga.** El ejercicio moderado de cualquier tipo puede estimular el nervio vago, pero el yoga destaca sobre todos ellos. Numerosos estudios respaldan que el yoga aumenta la actividad parasimpática del sistema nervioso, que a su vez mejora el tono vagal. Un estudio concluyó que el yoga también aumenta la liberación de gaba, el neurotransmisor de la relajación.

- **Acupuntura.** Este método terapéutico realizado por un facultativo fortalece el tono vagal. Los puntos de acupuntura tradicionales, particularmente la acupuntura auricular, estimulan el nervio vago.

- **Reflexología.** Varios investigadores han afirmado que la reflexología podal (masaje terapéutico en los pies sobre puntos del reflejo corporal) aumenta el tono vagal.

- **Masajes terapéuticos** en cabeza, espalda, manos y pies, como el masaje craneosacral o el *shiatsu*, sobre puntos de latido interno ayudan a disminuir la inflamación.

- **Prácticas de atención plena y *mindfulness*,** que conectan con la calma, la paz interior, el alivio en los pensamientos y el estrés mental, también influyen positivamente sobre el nervio vago.

- **Disfrutar de relaciones sanas** es otra clave para mantener la salud del nervio vago. De hecho, se sabe que las personas con un mejor tono vagal son más altruistas y tienen relaciones más cercanas y armoniosas. Esto es así en parte porque la estimulación vagal provoca la liberación de oxitocina, que se ha relacionado con rasgos humanos como la lealtad, la empatía, la confianza y el coraje.

- **Reunirse con amigos y reírse.** La risa fortalece las relaciones mientras aumenta la variabilidad de la frecuencia cardiaca, un indicador confiable de la función saludable del nervio vago.

- **Algunos suplementos** pueden mejorar la salud y la función del nervio vago, como la raíz de jengibre, los probióticos (específicamente el *Lactobacillus rhamnosus*), los ácidos grasos esenciales omega 3 (especialmente DHA) y el zinc.
- **Respirar** como expliqué en el capítulo sobre el estrés y la ansiedad.
- **La exposición periódica al frío** es uno de los métodos más efectivos de activar y equilibrar un nervio vago disfuncional. La manera más simple de incorporar esto en tu vida es en la ducha, dejando que el agua fría impacte en la cabeza y la nuca en el último minuto. Al principio, el sistema recibe un impacto y altera la forma en que respiras. Tu objetivo en esos momentos es esforzarte en controlar tu respiración y respirar hondo tantas veces como puedas.

Estas prácticas alivian el nervio vago, pero en realidad te alivian a ti; es decir, el nervio vago atrofiado o con tono bajo está indicando que algo en tu interior o en tus hábitos no está marchando como debiera y que es necesario prestarle atención y solución.

SISTEMA DIGESTIVO Y FELICIDAD

Nuestro intestino produce alrededor del 90 por ciento de la serotonina del organismo y el 50 por ciento de la dopamina (sustancias que, como recordarás, hacen que nos sintamos tranquilos y felices). Al intestino se le llama nuestro «segundo cerebro» porque contiene también unos cien millones de neuronas —más que la médula espinal— y la mayor parte de las células del sistema inmunitario.

Aparece íntimamente unido a nuestro mundo psicológico y emocional, no solo recibiendo información desde el cerebro superior a través del sistema nervioso, sino mandando información y estímulos a través del sistema nervioso que influyen de manera decisiva sobre nuestros pensamientos y nuestras emociones.

¿Cómo funciona esta comunicación entre nuestros dos cerebros? Dentro del sistema nervioso autónomo, tenemos por un lado el sistema parasimpático, que se activa por la acetilcolina, cuando nos sentimos tranquilos y relajados, poniendo en marcha diferentes funciones:

- Estimula y facilita la actividad digestiva.
- Reduce el ritmo cardiaco.
- Relaja el recto facilitando la eliminación de los desechos.
- Contrae la vejiga impidiendo la pérdida de orina.

Por el contrario, cuando nos sentimos amenazados, estresados o nerviosos, la adrenalina activa el sistema nervioso simpático, que pone en marcha otras funciones:

- Inhibe la actividad digestiva.
- Acelera el pulso cardiaco.
- Contrae el recto.

Antes se pensaba que el nervio vago llevaba información desde el cerebro a los órganos, pero recientemente se ha descubierto que el 90 por ciento de las fibras que forman este nervio llevan información sumamente importante para el sistema nervioso central desde el intestino hasta el cerebro.

Las neuronas del intestino nos permiten sentir lo que pasa en nuestro sistema digestivo y lo que hay dentro de él. Una gran parte se dedica a la digestión: transformar los alimentos, absorber los nutrientes y expulsar lo que no sirve. Todo ello requiere de complejas reacciones químicas y movimientos mecánicos, sin necesidad de que nuestro cerebro superior tenga que ocuparse de ello.

El sistema digestivo produce una serie de sustancias opiáceas naturales, que también pueden llegar a tener un efecto adictivo y narcótico ante situaciones de estrés o depresión. Por ejemplo, la acción de comer por sí misma es una forma de ansiolítico natural, especialmente los carbohidratos, como los bollos y los azúcares refinados. Hay factores que predisponen a una relación conflictiva con la comida, como personas impulsivas, indisciplinadas, con baja autoestima, poca tolerancia a la frustración, agresividad, dificultad para afrontar las dificultades de la vida, dificultad para pedir ayuda, necesidad de obtener una recompensa inmediata o sensación de vacío interior.

El buen funcionamiento de nuestro sistema digestivo, y por lo tanto de nuestra salud, depende de una forma de vida tranquila, una mente equilibrada y de hacer el ejercicio necesario para que nuestro cuerpo se mueva. Ni siquiera nuestras tripas están hechas para la pereza. Los mecanismos de recompensa están ahí para que nos sintamos bien, pero hay que utilizarlos con inteligencia y voluntad para nuestra buena salud, sin hacernos esclavos de ellos

Es recomendable hacer las cosas con tranquilidad, disfrutándolas, dedicarle el tiempo necesario a comer y prestar atención a lo que se está haciendo, que es nutrir tu cuerpo, honrando tal acción. Se suele recomendar hacer parte de la comida en silencio para practicar esa atención plena; pongamos de moda que los primeros bocados o el primer plato sea en silencio y luego compartamos los demás en conversación agradable o ligera durante nuestro momento sagrado de nutrirnos.

Nuestro cuerpo se estresa (y nosotros) comiendo productos altamente procesados, mientras pasamos tiempo en espacios interiores, lejos de la naturaleza. También nos estresamos cuando, con todo el cariño del mundo, nos preocupamos por nuestros seres queridos y olvidamos cuidar de nosotros mismos, y es importante recordar que para poder dar primero hay que tener, así que para poder cuidar primero es necesario cuidarse y estar recargado de la mejor energía que vayas a dar.

CONTROLAR LA INFLAMACIÓN INTERNA
ES UNA DE LAS FUNCIONES ESENCIALES
DEL NERVIO VAGO.

La inflamación es una respuesta para mantenernos a salvo de invasores como virus o bacterias. Cuando los niveles de inflamación no se controlan y se hacen crónicos, los efectos pueden producir trastornos de salud física y mental.

Algunas elecciones alimentarias pueden ayudar a revertir la inflamación y contribuir a mejorar la función del cerebro, de los nervios e incluso del vago. Se resumen en:

- Come un 75 por ciento de alimentos naturales, de origen vegetal, libre de pesticidas, como frutas, verduras, cereales y huevos de calidad.
- No ingieras más de lo que puedas. Si comes despacio, podrás disfrutar de cada bocado y sentirte más saciado comiendo menos.

- Cocina de manera saludable o come los alimentos frescos que puedas.

DORMIR ES SALUD

> La felicidad consiste en dormir lo suficiente.
> Nada más.
>
> ROBERT A. HEINLEIN

¿Alguna vez te has planteado el impacto que tiene la cantidad y la calidad del sueño en tu vida? Sabemos que dormir mejor significa vivir mejor y ser más feliz. Y si aprendemos a gestionar nuestras emociones, es más probable que disfrutemos de un sueño reparador. Cuidar de nuestra salud mental y emocional es el primer paso para afrontar trastornos del sueño como el insomnio o las pesadillas.

LAS PERSONAS FELICES DUERMEN MÁS
QUE LAS QUE SE ENCUENTRAN SOMETIDAS
A EMOCIONES NEGATIVAS.

La alegría es una emoción agradable que se produce en respuesta a una experiencia positiva, lo cual dispara las hormonas que le hacen bien al organismo y favorecen la actividad cerebral necesaria para dormir mejor. Sentirnos alegres aporta beneficios que se evidencian a la hora de irnos a la cama.

Recordemos que durante el sueño todo nuestro cuerpo sufre procesos de restauración, regeneración y reparación que se ven apoyados por la forma en la que nos alimentamos, los hábitos en el estilo de vida y la gestión de las emociones.

Esta actividad fisiológica necesaria debe ocurrir con la calidad y la cantidad de horas precisas para que tenga un efecto que contrarreste la irritabilidad, el cansancio, la falta de memoria, la desconexión social y la aparición de otros problemas de salud que nos alejan de la posibilidad de estar feliz.

Sabemos que hay hormonas de la felicidad relacionadas con el sueño, como hemos ido viendo en este libro. Entre ellas están la melatonina, la oxitocina y la adrenalina. Muchas participan de forma conjunta tanto para consolidar la alegría como para apoyar en las funciones nocturnas del cerebro cuando dormimos.

La melatonina regula los ciclos de sueño y vigilia. Se produce a partir de la serotonina, y es por ello por lo que para mejorar la regulación del sueño debemos potenciar la **ingesta de alimentos ricos en triptófano,** para así favorecer la fabricación de melatonina en el organismo.

LA MELATONINA ES EL RELOJ BIOLÓGICO
DEL CUERPO HUMANO
Y DETERMINA SU RITMO CIRCADIANO.

La producción de melatonina se reduce por múltiples causas:

- **Factores extrínsecos:** exceso de luz, situaciones de estrés, viajes que impliquen cambios de huso horario, falta de rutinas y cambios de turno.
- **Factores intrínsecos.** A partir de los treinta años se reduce la producción de melatonina. Esta situación se

agrava a partir de los cincuenta. Por esta razón, el insomnio aumenta a medida que envejecemos. Con la edad, a veces se produce una calcificación de la glándula pineal, lo que conlleva una reducción de la liberación de melatonina en sangre.

VÍA METABÓLICA DE LA MELATONINA

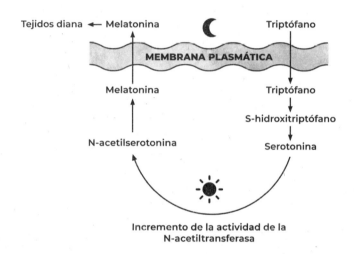

Incremento de la actividad de la
N-acetiltransferasa

COMER PARA DORMIR

La dieta es un factor decisivo que influye directamente en la salud del cuerpo humano. Los alimentos con un alto contenido en triptófano, que potencian la fabricación de melatonina en el organismo y pueden ayudar en caso de insomnio, son:

- Frutas: plátano, piña, cereza y aguacate
- Verduras y hortalizas: rúcula, espinaca, calabaza, espárrago, brócoli y apio

- Chocolate negro (muy rico en cacao)
- Carne magra (pavo, pollo, conejo y cerdo)
- Pescado: salmón, atún, sardina, anguila, pez espada y ro-daballo
- Huevos
- Lácteos
- Frutos secos: almendras, nueces, pistachos y anacardos
- Cereales integrales
- Semillas: sésamo, calabaza, girasol
- Legumbres: garbanzos, lentejas, habas
- Levadura de cerveza
- Alga espirulina

Habrás oído que pasamos un tercio de la vida durmiendo.

PASAMOS DE MEDIA 32 AÑOS DORMIDOS, ASÍ QUE TENEMOS QUE PRESTAR ATENCIÓN A ESOS AÑOS DE NUESTRA VIDA.

Una buena alimentación es vital, pero también lo es un buen colchón para sacar el máximo partido a nuestras horas de sueño.

A la pregunta de por qué dormimos no hay una respuesta correcta. El neurocientífico Russell Foster, que ha dedicado buena parte de su vida a estudiar el sueño, se aventura a darnos tres teorías que él considera fundamentales:

El sueño es esencial para reponer y reparar diversos procesos metabólicos. De hecho, una gran cantidad de genes asociados a la restauración y las vías metabólicas se activan solo durante el sueño.

El acto de vivir es esencialmente una lucha por nuestra supervivencia, y dormir nos ayuda a conservar energía, a ahorrar calorías. Foster destaca que la diferencia entre el acto de dormir y el de descansar en silencio es de aproximadamente 110 calorías por noche, o, lo que es lo mismo, el equivalente a un perrito caliente.

Está científicamente demostrado que si se impide a alguien que duerma después de haber estado aprendiendo algo, su capacidad para interiorizar ese aprendizaje se reduce.

¿Dormir bien nos hace felices?

La falta de sueño tiene un impacto directo en nuestra capacidad de concentración y en nuestra productividad. Unos hábitos saludables están directamente relacionados con un buen rendimiento académico. Hay evidencias científicas de que las personas que duermen bien muestran **tiempos de reacción más rápidos y más capacidad de concentración.**

DORMIR BIEN NOS AYUDA A CONTROLAR
NUESTRA ANSIEDAD Y A COMER MÁS SANO.

Si dormimos bien, nos será más fácil resistir la tentación de la comida basura. Científicos de la Universidad de California descubrieron que cuando estamos faltos de sueño, nuestro cerebro se excita más cuando ve alimentos ricos en calorías, y que cuanto más cansados estamos, más probabilidades tendremos de ceder a la tentación.

También es posible que, cuando descansamos menos, nuestro cerebro tenga dificultades para detectar de manera saludable cuándo estamos llenos, y esto nos lleva a ingerir más comida de la habitual.

Por su parte, un buen sueño es fundamental para que el conjunto del organismo funcione adecuadamente. Mientras dormimos, nuestro organismo genera seis sustancias clave para nuestra salud:

1. **Melatonina.** Esta hormona que regula nuestro reloj biológico es secretada por la glándula pineal cuando nuestro organismo, a través de ciertos fotorreceptores del ojo, detecta la disminución de luz. Esta nos relaja, tiene efectos antioxidantes y antinflamatorios, y, aunque todavía no está demostrado que puede alargarnos la vida, sí puede influir en nuestra calidad de vida, sobre todo cuando nos vamos haciendo mayores.

2. **Hormona del crecimiento.** El pico más alto de segregación de esta hormona se produce en la fase del sueño profundo o delta. Si dormimos poco o mal, tendremos menor cantidad de esta hormona, que es la que mantiene la masa y la fuerza muscular precisas para realizar ejercicios físicos, y ayuda a controlar la cantidad de grasa corporal. Es clave en la etapa infantil; por lo tanto, hay que vigilar a los niños y si detectamos algún indicio en el crecimiento, acudir a un especialista.

3. **Cortisol.** La hormona del estrés. En el ritmo cotidiano de vida, donde todo son prisas, atascos, colegios, actividades, reuniones —en definitiva, que nos pasamos todo el día corriendo—, los niveles de cortisol se mantienen altos y paran o ralentizan nuestro sistema inmunitario. Es mientras dormimos cuando estos niveles bajan y

empiezan a actuar nuestras defensas de una forma eficaz; en procesos alérgicos es fundamental que disminuyan.

4. **BDNF.** Es una proteína que actúa como factor de crecimiento, protege el nervio auditivo y alcanza sus niveles más bajos cuando cae la noche. Se ha demostrado que la audición es más sensible al ruido durante la noche (cuando estos niveles caen); ruidos que durante el día pueden ser normales, por la noche nos podrían provocar pérdidas auditivas.

5. **Conexina-43.** Por la noche se produce un incremento en la producción de la proteína conexina-43 en las células musculares de la vejiga, lo cual provoca que podamos aguantar más y tengamos que ir menos al baño.

6. **Orexina.** Mientras dormimos, el hipotálamo reduce la producción de esta proteína, que está vinculada con la sensación de hambre. Por eso, cuando está descompensada perdemos la capacidad de saber si estamos saciados. Si está equilibrada, dormimos mejor y no tenemos que levantarnos a comer algo durante la noche.

El organismo sigue trabajando incluso en la fase más profunda del sueño. Durante la noche muchos procesos fundamentales para nuestro bienestar se ponen manos a la obra.

1. **Hormonas del hambre.** Mientras dormimos, el sistema digestivo equilibra la leptina y la ghrelina. La primera inhibe el hambre y la segunda lo estimula. Si el equilibrio se altera, lo notaremos en nuestro apetito.

2. **Movimientos de los ojos.** Son el resultado de la limpieza que hacen nuestros párpados. Las legañas que se nos acumulan son las células descartadas, los residuos que recogen los párpados.

3. **Cuerpo reparador.** Cuando dormimos, nuestro cuerpo libera la hormona del crecimiento —somatotropina—, que se encarga de que crezcan y se reparen los músculos y los huesos. Funciona mejor durante el sueño porque nuestros músculos están más relajados.

4. **Defensas al cien por cien.** Según el Instituto Nacional del Cáncer (NCI), «nuestro sistema inmunológico amplía su defensa mientras dormimos; al ampliarla, combate infecciones y libera una proteína llamada "factor de necrosis tumoral" que podría eliminar células cancerígenas».

5. **Sin estrés.** La plena relajación en la que nuestro cuerpo cae cuando nos vamos a la cama se debe a la disminución de los niveles de cortisol, una hormona esteroide relacionada con el estrés.

6. **Mejora en la piel.** Así como nuestros músculos se reparan mientras dormimos, nuestra piel trabaja en su propia restauración. Se generan más células de la piel y esta ralentiza su descomposición. En este punto la energía necesaria de los tejidos no está disponible a la luz del día, con lo cual una siesta no hace que la piel se regenere.

Dormir es una parte fundamental de la vida diaria, ya que, además de descansar de todas las actividades que realizamos a lo largo del día, es la oportunidad para el cerebro de resetearse y someter a un profundo mantenimiento a las funciones vitales para empezar con un nuevo día.

Un joven adulto debe dormir un promedio de siete horas y media, aunque este tiempo puede variar, pues depende de factores internos del organismo, mientras que un niño de preescolar puede dormir entre once y doce horas, y un adulto mayor, entre cinco y seis, según la Fundación Nacional del Sueño de Estados Unidos (NSF, por su sigla en inglés).

CUANDO NO DUERMES ¿TE FALLA LA MEMORIA?

Sí, no se trata solo de una impresión. Esto se debe a que tu cerebro no ha podido trabajar de manera óptima para realizar las siguientes funciones:

1. **Función de limpieza.** Durante el sueño, el cerebro elimina los desechos metabólicos que resultan de las actividades del día. Si una persona no duerme lo suficiente, esos desechos le van a impedir que el cerebro funcione bien. Los desechos que genera el cerebro circulan a través del líquido cefalorraquídeo, que se bombea más rápido por todo el cerebro mientras dormimos. Este elimina los productos de desecho, como los detritos moleculares que producen las células cerebrales y las proteínas tóxicas, que pueden conducir a la demencia con el paso del tiempo.

2. **Asegura lo aprendido.** El cerebro restaura y asienta información recibida a lo largo del día. Los expertos lo llaman «consolidación» y es importante para protegerse de una mayor pérdida de información, así como para aumentar la capacidad de aprendizaje mientras estás despierto.

3. **Almacena los recuerdos importantes.** Esto se observa principalmente en las emociones. Tu cerebro elige y mejora las experiencias que son valiosas para tu memoria. Este proceso también desecha los recuerdos que no son tan importantes, como algún suceso vergonzoso o desagradable.

4. **Reproduce los recuerdos de tus tareas diarias** y ayuda a restablecer el orden en que ocurrieron. Esto sucede durante la fase de movimientos oculares rápidos (REM, por su sigla en inglés). Además, se organizan las memorias para que cuando busques esa información, el cerebro sepa dónde

está. La falta de sueño no permite que se clasifiquen o se archiven los recuerdos, y es por esto por lo que se te olvidan o tardas en recordar cosas.

5. **Te bloquea para que no actúes en tus sueños**. En la etapa más profunda del sueño, la parte de tu cerebro que es responsable de transmitir los impulsos nerviosos a través de la médula espinal envía un mensaje para apagar las neuronas motoras, causando parálisis temporal. Así no tratarás de recrear las historias que pasan por tu mente cuando estás dormido.

Y no está de más recordar que **dormir previene las infecciones:** esta es la razón por la que deseas meterte en la cama y dormir cuando estás enfermo. El sueño es una parte vital del funcionamiento adecuado del sistema inmunológico y de la defensa de tu cuerpo contra las enfermedades.

Esto se debe a que, mientras duermes, tu sistema inmunológico está combatiendo las infecciones mediante la liberación de citoquinas, un grupo de proteínas que son secretadas por las células del sistema inmunitario y que se usan para transmitir mensajes químicos. Las personas que no duermen lo suficiente son más propensas a las enfermedades e infecciones.

PRIMERAS FASES DEL SUEÑO

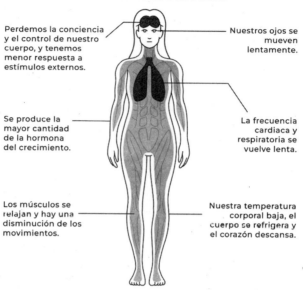

Perdemos la conciencia y el control de nuestro cuerpo, y tenemos menor respuesta a estímulos externos.

Nuestros ojos se mueven lentamente.

Se produce la mayor cantidad de la hormona del crecimiento.

La frecuencia cardiaca y respiratoria se vuelve lenta.

Los músculos se relajan y hay una disminución de los movimientos.

Nuestra temperatura corporal baja, el cuerpo se refrigera y el corazón descansa.

FASE REM

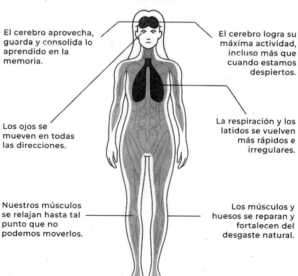

El cerebro aprovecha, guarda y consolida lo aprendido en la memoria.

El cerebro logra su máxima actividad, incluso más que cuando estamos despiertos.

Los ojos se mueven en todas las direcciones.

La respiración y los latidos se vuelven más rápidos e irregulares.

Nuestros músculos se relajan hasta tal punto que no podemos moverlos.

Los músculos y huesos se reparan y fortalecen del desgaste natural.

CONSEJOS PARA MEJORAR LA CALIDAD DEL SUEÑO

- Evita la exposición a la luz al menos media hora antes de ir a dormir.
- Vete a la cama unos 15 minutos antes de la hora de dormir, pues es el promedio de tiempo que tardamos en caer dormidos. Y no te preocupes por la serie que estás viendo, lo bueno de Netflix es que el capítulo se para justo en el punto exacto para retomarlo al día siguiente.
- La temperatura y la oscuridad son dos de los factores físicos que más afectan la calidad del sueño. Convierte tu habitación en un paraíso del sueño manteniéndola fresca y oscura. No hace falta que estés en el Caribe, pero tampoco en el Polo Norte, simplemente mantén la habitación fresca y oscura.
- Apaga tu teléfono móvil, ordenador y cualquier otro aparato electrónico que pueda excitar el cerebro unas horas antes de dormir. Estos aparatos inhiben y retrasan la producción de melatonina, lo que hace que sea más difícil conciliar el sueño y permanecer dormido.
- No tomes cafeína, alcohol u otros estimulantes después del mediodía, pues el efecto dura horas y puede afectar a la calidad de tu sueño. Si te duermes en el trabajo, hay otras maneras de mantenerte despierto, pero aparta el café.
- Las siestas pueden ser saludables, como hemos visto antes, pero es importante ¡que no superen los 15 minutos!
- Haz ejercicio de manera regular.
- Es clave respetar los horarios del sueño, ya que mejorará la consistencia de tu sueño.

EL CORAZÓN TIENE CEREBRO

Nuestro corazón contiene un sistema nervioso independiente que posee más de 40.000 neuronas y una compleja red de neurotransmisores, proteínas y células de apoyo. El corazón puede tomar decisiones y pasar a la acción independientemente del cerebro; y puede aprender, recordar e incluso percibir. El circuito del cerebro del corazón es el primero en tratar la información que después pasa por el cerebro de la cabeza.

Existen cuatro tipos de conexiones entre el corazón y el cerebro:

1. La comunicación neurológica mediante la transmisión de impulsos nerviosos. El corazón envía más información al cerebro de la que recibe; es el único órgano del cuerpo con esa propiedad, y puede inhibir o activar determinadas partes del cerebro según las circunstancias. Puede influir en nuestra percepción de la realidad y, por lo tanto, en nuestras reacciones.

2. La información bioquímica mediante hormonas y neurotransmisores. Es el corazón el que produce la hormona ANF, que asegura el equilibrio general del cuerpo: la homeostasis. Uno de sus efectos es inhibir la producción de la hormona del estrés y producir y liberar oxitocina, la que se conoce como «hormona del amor».

3. La comunicación biofísica mediante ondas de presión. Parece ser que, a través del ritmo cardiaco y sus variaciones, el corazón envía mensajes al cerebro y al resto del cuerpo.

4. La comunicación energética. El campo electromagnético del corazón es el más potente de todos los órganos del cuerpo, cinco mil veces más intenso que el del cerebro.

Y se ha observado que cambia en función del estado emocional. Cuando tenemos miedo, frustración o estrés se vuelve caótico.

El campo magnético del corazón se extiende alrededor del cuerpo entre dos y cuatro metros, es decir, que todos los que nos rodean reciben la información energética contenida en nuestro corazón.

Hay dos clases de variación de la frecuencia cardiaca. Una es armoniosa, de ondas amplias y regulares, y toma esa forma cuando la persona tiene emociones y pensamientos positivos, elevados y generosos. La otra es desordenada, con ondas incoherentes. Las ondas cerebrales se sincronizan con estas variaciones del ritmo cardiaco; es decir, que el corazón arrastra a la cabeza. La conclusión es que el amor del corazón no es una emoción, es un estado de conciencia inteligente.

El cerebro del corazón activa en el cerebro de la cabeza centros superiores de percepción completamente nuevos que interpretan la realidad sin apoyarse en experiencias pasadas. Este nuevo circuito no pasa por las viejas memorias, su conocimiento es inmediato, instantáneo y, por ello, tiene una percepción exacta de la realidad.

No es ciencia ficción, es pura ciencia. Está demostrado que cuando el ser humano utiliza el cerebro del corazón crea un estado de coherencia biológico, todo se armoniza y funciona correctamente; es una inteligencia superior que se activa a través de las emociones positivas.

LA COHERENCIA CARDIACA, PUERTA DE LA INTELIGENCIA EMOCIONAL

La coherencia es el término usado por los científicos para describir un estado de alta eficiencia psicológica en el cual los sistemas nervioso, cardiovascular, endocrino e inmune están trabajando de forma eficiente y en armonía.

El corazón tiene su propio circuito neuronal, interrelacionado con el cerebro emocional, que es quien controla las emociones y la fisiología del cuerpo.

Cuando nos sentimos estresados, nuestro cuerpo no está sincronizado debido a las emociones negativas, provocando un desorden en el ritmo cardiaco y en el sistema nervioso que conduce al bloqueo e inhibición del neurocórtex o cerebro racional. En contraste, las emociones positivas crean armonía en el sistema nervioso y en el ritmo cardiaco, provocando desbloqueos a nivel cerebral, a la vez que el resto de los sistemas del cuerpo se sincronizan, produciendo el estado que llamamos «coherencia».

Unas investigaciones del Instituto HeartMath han demostrado que los cambios en el ritmo cardiaco, llamados también «variabilidad de ritmo cardiaco» (VRC), reflejan el estado emocional del ser humano. El análisis de la VRC es reconocido como un poderoso método para medir la dinámica nerviosa, y numerosos estudios clínicos científicamente demostrados han relacionado su efecto sobre los problemas de salud y de rendimiento en las personas.

Cerebro y corazón tienen una relación simbiótica, no pueden vivir el uno sin el otro. El corazón le lleva sangre con oxígeno y nutrientes al cerebro para que despliegue su fabulosa función como una de las estructuras más complejas del universo.

LA INTELIGENCIA DEL CORAZÓN EXPLICADA

La mente no funciona separada del cuerpo, del mismo modo que el cerebro no funciona independientemente del corazón. Ambos órganos interpretan una sinfonía que influye en nuestras percepciones y decisiones, y en el modo en que conectamos con los demás.

El corazón emite campos electromagnéticos que cambian según nuestras emociones. Como ya he dicho, el corazón irradia un campo magnético que puede extenderse varios metros alrededor del cuerpo. Para probar esto, los investigadores colocaron electrodos en un vaso de agua y comprobaron que el latido del corazón de un participante que se hallaba cerca podía ser detectado. Los investigadores encontraron más tarde que nuestro latido del corazón puede ser detectado también por el cerebro y el corazón de las personas que nos rodean.

Comunicación emocional: nuestros corazones se comunican energéticamente. Para investigarlo, unos expertos conectaron dispositivos que miden la VRC a un niño de doce años llamado Josh y a su perra Mabel. A Josh le pidieron que enviara sentimientos de amor hacia su perra al entrar en la habitación en la que estaba Mabel. Los datos mostraron que sus ritmos cardiacos se sincronizaron. Este mismo fenómeno se ha estudiado con una madre y su bebé, y con parejas que duermen juntas.

Variabilidad del ritmo cardiaco: una de las mejores formas de medir la coherencia del corazón es utilizando dispositivos que determinan la VRC. Mientras que el ritmo cardiaco cuenta el número de veces que el corazón late por minuto, la VRC mide las variaciones, en tiempo, entre los pares de latidos. Emociones positivas como el amor, la compasión y la apreciación están vinculadas a un patrón de VRC más coherente, mientras que las emociones negativas como estrés, ansiedad, ira y miedo están vinculadas a un patrón de VRC errático e incoherente.

La inteligencia del corazón: siempre decimos «el corazón tiene razones que la razón no conoce». ¿Qué quiere decir esta frase?

Durante las últimas décadas, el Instituto HeartMath ha estudiado y medido la inteligencia del corazón y hay bastante material publicado sobre el tema. La inteligencia del corazón la podríamos definir como ese fluir de esa consciencia que nos va guiando hacia una comprensión intuitiva. Esa comprensión que te lleva a decir: «Ay, no sé cómo lo sé, pero sé que lo sé».

La inteligencia intuitiva del corazón sería como un camino a la coherencia. El corazón te lleva a decir: «Vive de forma coherente», porque eso te da salud física, salud emocional (paz, calma) y salud mental. Además, el cerebro necesita la coherencia para vivir mucho más que el corazón. El corazón necesita sentirse en paz, en armonía. Yo me lo imagino como el sol en el centro que ilumina el resto de la galaxia y va bombeando sangre hacia arriba, hacia abajo; va mandando sustancias y recibiendo, y vela por nosotros desde ese latido...

Es como si tuviéramos una energía invisible que todos emitiéramos. Todos tenemos un campo de actuación que viene medido por nuestra vibración corporal. Esto se ve por el calor que emitimos, se ve por una foto de infrarrojos, en la que aparece el calor o las zonas de tu cuerpo en las que estás emitiendo unas ondas. Es pura física. Ese campo que tú emites irradia tanto aquello que sale con toxicidad como aquello que sale con amor. Ese campo hace que los seres humanos estemos conectados, no solo por las palabras. Las palabras traducen aquello que está dentro.

Cerebro y corazón están condenados a entenderse; bueno, el corazón está condenado a entenderse con todos y el cerebro también, porque los dos mandan bastante. Pero se entienden porque además se quieren mucho, su relación es muy simbiótica, no pueden vivir el uno sin el otro, están continuamente mandándose información. El corazón lleva sangre con oxígeno y nutrientes al cerebro y este, a su vez, vuelve a mandar órdenes, sus estructuras supercomplejas, al resto del cuerpo para poner en marcha tanto la parte más autónoma, de la que no nos damos cuenta (parpadear, respirar), como la parte que involucra la toma de las decisiones o las funciones cognitivas superiores.

El centro de control de nuestro cuerpo —o sea, el cerebro— mantiene el funcionamiento normal del corazón a través de una red de conexiones nerviosas, que además están conectadas por canales de energía. Si esta comunicación se ve interrumpida es cuando aparecen afecciones, como los ataques cardiacos. Si se desconecta el cerebro con el corazón, lo más leve que nos va a pasar es un ataque de ansiedad.

Un ejemplo del lado negativo de esto sería cuando mentimos. Se sabe que cuando mentimos nuestro corazón se acelera, en algunas personas más y en otras menos, pero se acelera. También cuando tenemos disgustos; cuando sufrimos, el corazón se contrae, se empequeñece y se comunica menos con todos los órganos, incluido el cerebro. Ahí empezamos a liarla.

Hemos dicho que el cerebro es la torre de control y el corazón sería la sala de máquinas, responsable de bombear la sangre que mantiene la vida a través de una red de vasos, ¡de 97.000 kilómetros de longitud! Y es un órgano inteligente porque, de todas las células que tiene, hay unas 60.000 que son de tejido neuronal. Hasta la fecha pensábamos que el cerebro era el único director de orquesta en nuestro organismo o un ordenador. Pero cada vez hay más evidencias de que el corazón es quien toma las decisiones, o al menos las siente y las conoce en primer lugar; es como si tuviera lo que llamamos «corazonadas». Entonces, ¿a quién hacemos caso, a la cabeza o al corazón? El corazón sabe y el cerebro en comunicación con el corazón decide, y es el cerebro al final el que ejecuta la acción.

De lo que resulta que la coherencia cardiaca consiste en poner el corazón, el cerebro y el cuerpo en sintonía y unión. Tenemos que mandar paz y amor entre órganos, y nos vamos a unir y nos vamos a escuchar. Por lo tanto, hay un montón de acciones. El intestino también las propone, acciones que tienen que ver con hábitos, valores, salud, estilo de vida, relaciones, autocuidado... Si definimos qué es la coherencia cardiaca, es la frecuencia, es el estado en el que nosotros vemos la armonía de nuestro latido.

Pero la coherencia cardiaca no solo une al corazón y la razón, sino que de alguna manera influye en todo nuestro ritmo fisiológico. De hecho, hay un concepto que probablemente sea el que se acuñe dentro de poco, que es la «coherencia psicofisiológica», que va más allá, porque la coherencia cardiaca también influye muchísimo en el sistema endocrino, y en general en todo el cuerpo.

TÉCNICAS PARA PRACTICAR LA COHERENCIA CARDIACA

La más sencilla, barata y practicable en casi todos los lugares es la respiración centrada en el corazón. Ya hablamos del poder de la respiración para luchar contra el estrés y la ansiedad.

Ahora nos centramos en el pecho. Una forma de hacerlo es respirar con la mano sobre la zona del corazón. Hay quien lo hace visualizando el corazón, mandando una sonrisa al corazón, dedicándole palabras bonitas, intentando sentir el latido.

Hacemos una respiración a un ritmo de 10 segundos.

Cuando hacemos un ciclo por debajo de 10, estamos bien, relajados. Cuando vamos subiendo a 12, 13, 14, 15 respiraciones por minuto estamos llevando la respiración a un estado de alerta y empezamos a producir más adrenalina y cortisol de lo normal, por lo que se producen disfunciones endocrinas.

Vamos a regular de una manera consciente a 10 segundos: tomo aire en 5 y suelto en 5. Estas técnicas tienen mucho que ver con meditación y *mindfulness,* pero no es exactamente esto, simplemente es centrarte en el corazón y pararte a sentir la respiración. Luego vamos un poco más allá y dejamos esa preocupación o ese problema pendiente de resolver, respiramos y sabemos que mañana podremos atenderlo de otra manera.

¿QUÉ BENEFICIOS TIENE LA COHERENCIA CARDIACA?

Mejora la capacidad de atención y de concentración. Cuando estamos tranquilos, en calma, el cerebro puede procesar y funcionar de forma rápida y precisa, y también con mayor concentración, porque hay más oxigenación. Si hay estrés y fatiga, se activa todo el sistema simpático y empezamos a bombear la cadena de sodio-potasio, y a gastar una cantidad de sales minerales porque el cuerpo está haciendo un esfuerzo y se agota.

La coherencia cardiaca:

- Reduce el agotamiento, da energía y alegría.
- Facilita la autorregulación emocional y estimula la resiliencia.
- Mejora la calidad del sueño, ayuda mucho a combatir el insomnio.
- Fortalece el sistema inmunitario.

Pero no hay que olvidar que el cuerpo es una máquina de hábitos, y algunos hábitos nos ayudan. Por mucha coherencia cardiaca que tengas, si te acuestas por la noche después de haberte tomado tres cafés, o te pones con el móvil dos horas, o te dedicas a pensar en lo que te preocupa, pues efectivamente insomnio va a haber.

Se podría decir, simplificando un poco, que en el cerebro hay emociones y en el corazón hay sentimientos. En el corazón hay algo más pausado, y ambos intentan poner la vida en sintonía y en coherencia. No quiero decir que en el cerebro solo haya emociones; en el cerebro hay muchas cosas, pero hay una parte del cerebro que para mí es un reflejo del alma humana, que puede estar situada en el corazón o que propiamente es la conexión entre ambos.

CURIOSIDADES SOBRE EL CORAZÓN

Culturas y religiones de todas las épocas han apuntado al corazón como asiento de sabiduría y amor, y como la llave para acceder a la buena vida. Siempre se nos dijo que escucháramos a nuestros corazones, que siguiéramos a nuestros corazones y que les dejáramos guiarnos. Sin embargo, muchos de nosotros no sabemos qué significa eso realmente.

- **Egipto.** Los antiguos egipcios creían que el corazón era el punto de acceso a las emociones, la memoria, el alma y las fuentes superiores de conocimiento. Durante la momificación, el corazón era uno de los pocos órganos que no eran retirados del cuerpo.
- **Grecia.** En la antigua Grecia le daban un enorme valor al papel que desempeñaba el corazón en la vida. Filósofos

como Aristóteles creían que la mente se encontraba en el corazón, donde residía toda la inteligencia.

- **Mesopotamia.** Culturas ancestrales como la mesopotámica miraban el corazón como una fuente de inteligencia. Creían que era el órgano que dirigía nuestra toma de decisiones, las emociones y la moral.
- **Cristianismo.** El amor es un tema central en esta religión. El corazón se menciona varias veces en la Biblia como la puerta para el descubrimiento de nuestra vida. En incontables representaciones, Jesús apunta a su corazón como asiento de la sabiduría.
- **Budismo.** Uno de sus temas nucleares es la compasión y el cese del sufrimiento propio y de los demás. Existen varios ejercicios de respiración centrada en el corazón que los budistas utilizan para desarrollar la compasión.
- **Hinduismo.** Una de las famosas historias de *El Ramayana* es la que relata cómo el mono sirviente Hanuman se abre el pecho en el lugar donde residen el dios Rama y su reina.

EL CORAZÓN EN 9 HECHOS:

1. El corazón empieza a latir en el feto antes de que el cerebro se haya formado.
2. Existe una comunicación bidireccional constante entre el cerebro y el corazón.
3. El corazón envía más información al cerebro de la que el cerebro le envía al corazón.
4. El corazón emite campos electromagnéticos que cambian según tus emociones.
5. Las señales que el corazón envía al cerebro afectan a centros relacionados con el pensamiento estratégico, la reactividad y la autorregulación.

6. El corazón ayuda a sincronizar multitud de funciones orgánicas de modo que puedan operar en armonía entre ellas.
7. El corazón posee un sistema neuronal que puede almacenar memoria a corto y a largo plazo.
8. Las ondas cerebrales de la madre pueden sincronizarse con el latido del corazón de su bebé.
9. El campo magnético humano puede extenderse varios metros alrededor del cuerpo.

PENSAR EN POSITIVO

Entonces, después de todo lo que hemos visto a lo largo de estas páginas, podemos preguntarnos: ¿es cierto que cambiando tu actitud mental puedes cambiar tus circunstancias? Cambiando nuestra actitud mental, ¿cambiamos la mirada al mundo y así encontramos interpretaciones más útiles y realistas que nos dan un carácter resiliente, que nos ayuda a evolucionar y asentirnos mejor?

Ya lo dijo Deepak Chopra, médico endocrino y gran pensador y orador de nuestros tiempos: «Cada célula de nuestro cuerpo tiene una perfecta conciencia de lo que pensamos y sentimos, así que, si queremos cambiar el estado de nuestro cuerpo, tenemos que cambiar el estado de nuestra consciencia».

Lo importante que se debe tener en cuenta es que nuestros pensamientos crean nuestra realidad: tú decides vivir en un mundo hostil o armónico. Los pensamientos negativos nos hacen sentirnos tristes y deprimidos, nos anclan a nuestros problemas, alejan de nuestra vida la felicidad y el bienestar, y repercuten negativamente en nuestra salud. Los pensamientos positivos nos proporcionan felicidad, bienestar, salud y, además, frenan el proceso de envejecimiento. Ambos tipos de pensamientos son constructos mentales.

Tú puedes decidir si focalizarte en lo que te preocupa, lo que te dolió del pasado o el miedo al futuro. También decides si te recreas en lo que te hizo disfrutar y lo que deseas alcanzar. Pero recuerda que un uso excesivo, tanto en positivo como en negativo, del pensamiento recalienta la máquina y no es saludable. Por eso, la gran ayuda está en practicar el aquí y ahora y la conexión con el origen, con tu cuerpo y tu estado basal propiciando calma y aprendiendo a volver a conectar con la paz y la serenidad.

El cerebro es el ordenador que se comunica y manda información al resto del organismo, pero también recibe información del cuerpo. Es un circuito bidireccional, aunque tendemos a pensar que el cerebro manda sobre el cuerpo y esto no resulta saludable para nosotros porque es el circuito contrario al natural de nuestra especie.

Sabemos con respecto al cerebro que nos puede ayudar a cambiar el estado de nuestro cuerpo, y es bueno usarlo para eso. Cuando nuestra mente está tranquila, nuestro cuerpo está relajado. Si estamos deprimidos o estresados, nuestro sistema de defensa también lo estará, lo que puede tener unos efectos dañinos sobre la inmunidad celular. Se ha observado que nuestro cuerpo es la expresión de la totalidad de pensamientos que tenemos sobre nosotros mismos y nuestra vida. Esto, a su vez, provoca emociones y sentimientos, que intervienen en nuestro sistema endocrino y en nuestros órganos y tejidos, que a su vez intervienen en nuestro estado vital, que a su vez condiciona la respuesta que vamos a dar ante cada circunstancia.

Tener buenos pensamientos, sentirnos alegres y felices, con sueños e ilusiones, amarnos a nosotros mismos y a los demás, desprendernos de nuestro pasado y ser agradecidos estimulará nuestro sistema de defensa y nos preparará mejor para afrontar cualquier contratiempo.

La interrelación entre nuestra mente y el sistema inmunitario es la base de muchas técnicas y herramientas terapéuticas, como la relajación, la visualización, la recitación de afirmaciones positivas con las acciones consecuentes y la meditación.

PRACTICA LA AFIRMACIÓN POSITIVA

- **Al despertarte, piensa: «Hoy me siento bien y voy a tener un día feliz».** Esto te va a predisponer a que sea así, a enfocar tu mirada en los hechos agradables y a acoger los desagradables con otro tono vital que haga que muestres más compasión y comprensión y respondas en lugar de reaccionar.

- **Dedica diez minutos diarios a la respiración consciente.** Verás que la respiración ha salido en otros capítulos, y es que es algo fundamental para aprender a no centrarnos en pensamientos negativos. Siéntate con la espalda recta, los hombros ligeramente caídos y hacia atrás para abrir el pecho, la barbilla retraída para que el cuello esté estirado, los pies sin cruzar y con las plantas en el suelo, las manos sobre los muslos. Cierra los ojos o mira a un punto fijo y sencillamente atiende a tu respiración. Siente cómo entra y sale el aire de tu nariz, nota la sensación del aire fluyendo por tu fosa nasal. Te ayudará a comenzar el día de un modo relajado a nivel físico y mental.

- **Dedica otros diez minutos a hacer unos ligeros estiramientos,** desperézate y siente cómo se despierta cada parte de tu cuerpo. Los estiramientos son muy saludables para el cuerpo y la mente. Nuestro cuerpo se vuelve más rígido con el paso de los años, igual que nuestra estructura mental. Ayudaremos a nuestra flexibilidad mental practicando flexibilidad corporal y haciéndonos conscientes de nuestra postura, si es expansiva y de seguridad o es contractiva y de encogimiento, con las consiguientes consecuencias a nivel físico y mental.

- **Da las gracias por lo que tienes, por lo que eres, por lo que has superado en la vida, por lo que aprendes.** Dar las gracias como hábito es un gran potenciador de felicidad interior. El agradecimiento es un protector de la salud mental. Agradecer hace que se aumente el número de pensamientos positivos, agradables y saludables y que disminuya la rumiación dañina, las preocupaciones constantes y la sensación de soledad y de miedo frente a la vida. La gratitud es un superpoder que tenemos, ponlo en práctica y cuidarás tu salud general.

- **Piensa que tienes el poder y la capacidad para cambiar tu vida** y conseguir aquello que quieras cambiando tu actitud mental y realizando las acciones acordes a ello.

- **Sé paciente contigo mismo, sé amable, compasivo y comprensivo.** Comprende que el error es humano y que sin error es muy difícil aprender, ya que una de las formas de aprendizaje desde que nacemos es el ensayo y error (además de la observación y la instrucción), y esto no cambia con los años. Recuerda que no pasa nada si hoy te confundes en algo, nadie es perfecto. No pretendas serlo, asume la naturaleza humana de la imperfección. Perdónate por tus errores y perdona a los demás por los suyos, pues tampoco son perfectos.

- **Asume tus responsabilidades, pero no te culpes.** Esto te ayudará a sentirte mejor, a poder hacer algo para reparar o reconducir una circunstancia, y también hará que no quieras o necesites culpar a los demás.

- **Intenta no identificarte mucho con tus pensamientos,** recuerda que no son más que eso, pensamientos. No es real, es simbología de nuestra mente pensante; pero si has de identificarte con algunos, a ser posible que sea con los positivos y no con los miedos, preocupaciones, ansiedad o problemas. Tu salud te lo agradecerá.

- **Valórate, cultiva tu autoestima, tu autoamor y autocuidado.** Desde ahí valora lo que puedes y quieres cambiar, aprende a identificar lo que te gusta de ti, tus valores, tu valía, reconócete y acéptate como eres; esto te dará mucha paz.

- **Mímate y cuídate;** recuerda que mereces lo mejor y que debes convertirte en tu mejor amigo.

- **Márcate unos objetivos que puedas cumplir** e intenta alcanzarlos con alegría, sin exigencia. Disfruta del camino, sin expectativa, sin proyección y con ganas e ilusión de que sucedan cosas. Olvida el apego ansioso al resultado y conecta con la ilusión del sueño que quieres cumplir como un juego.

RECUERDA QUE PARA SER POSITIVO
HAY QUE SER REALISTA.

La técnica de las afirmaciones positivas ha estado muy cuestionada porque, igual que el pensamiento positivo, se consideraba —erróneamente— que era un estilo de pensamiento ilusorio e infantil, y se ha categorizado como tóxico. Se ha metido en el saco de alteraciones de la realidad y se ha confundido lo que es crear la suerte en nuestras vidas combinando pensamiento y acción con el azar, que es algo que no controlamos y no sabemos a qué responde.

En mi opinión, **las afirmaciones positivas son útiles, pero no hay que olvidar que tienen sus reglas y sus limitaciones, por supuesto.**

Una afirmación positiva es un pensamiento positivo que escoges conscientemente para introducirlo en tu mente, crear una nueva ruta de pensamiento que puede ser la alternativa al pensamiento actual que te hace daño. Ese pensamiento positivo redirigirá el objetivo y el enfoque de la cámara de nuestro cerebro. Le diremos a nuestra computadora (cerebro) en qué dirección queremos pensar y hacia dónde queremos mirar.

Para realizar esta técnica es importante ser realista y aplicar unas reglas acordes con la forma en que funciona tu cerebro y la vida.

1. En primer lugar, **al cerebro hay que hablarle en primera persona,** para que se identifique contigo y tú sientas que ese pensamiento depende de acciones que hagas o pienses, no de cosas que deseas que cambien otros y que no dependen de ti. No es lo mismo decirte: «Me siento tranquilo y aprendo a manejar mi conversación cuando me encuentro con X», que afirmar: «X es amable siempre y me habla bien». Esto último, como verás, no depende de ti. Por lo tanto, siempre en primera persona, haciendo referencia a aquello que depende de tus acciones.

2. **Es importante que la frase sea en presente,** ya que nuestro cerebro es como un software; hay que decirle lo que queremos que ya esté sucediendo. Por ejemplo, no es lo mismo decir: «Me siento cómodo en mi cuerpo, aprendo

a sentirme bien conmigo mismo», que decir: «cuando adelgace me sentiré bien conmigo, conseguiré amarme». En la primera ya se está metiendo en situación real, en la segunda el programa permanece siempre en futuro.

3. En tercer lugar, **las afirmaciones deben de ir en sentido positivo estricto.** Si al cerebro le decimos lo que no queremos, por su estilo de procesamiento de la información no sabrá generar la alternativa de lo que queremos. Por ejemplo, no es lo mismo decir: «No tengo miedo en esta situación», que decir: «Me siento valiente y poderosa cuando realizo estas acciones». La primera frase no está mal, pero si queremos obtener valentía y sensación de poder hay que decirle la segunda a nuestro cerebro. Es necesario hablarle muy muy claro.

4. **Es importante que sean afirmaciones escritas,** aunque luego se piensen, se visualicen o se comenten. Lo imprescindible para que la ruta se cree con más consistencia en el cerebro es que se escriban. Existe una relación directa y fuerte entre la escritura manual con bolígrafo o lápiz y el cerebro; la simbología y las rutas de pensamiento cerebral comprenden y graban muy bien la escritura manual.

5. **Como cualquier hábito que queramos instaurar, requiere de perseverancia, y si esta es consciente y amorosa, mejor.** Recuerda que somos y seremos la suma de los hábitos y pequeñas cosas que hacemos cada día; valen mucho más pequeños momentos durante años que un gran plan un fin de semana. Por eso si queremos conseguir cambiar algo, es importante repetir, practicar y perseverar.

Existen investigaciones científicas que demuestran que las emociones tienen impacto en nuestro sistema inmunológico.

Las emociones positivas como la alegría, la sorpresa y el agrado fortalecen, y las negativas como la tristeza y la preocupación excesiva lo debilitan.

En 2003 se publicaron los resultados de un estudio realizado en la Universidad de Wisconsin, con 52 mujeres —de edades entre cincuenta y siete y sesenta— a las que inocularon la vacuna de la gripe. Antes de inyectársela, le pidieron a la mitad del grupo que pensaran durante un minuto en experiencias alegres. Después tenían cinco minutos para describirlas por escrito. A la otra mitad les pidieron que hicieran lo mismo con experiencias tristes o indignantes.

Seis meses después, al hacer un análisis a las participantes, se vio que **las mujeres que habían recordado momentos alegres tenían mayor número de anticuerpos que las que habían pensado en momentos negativos.**

EL PENSAMIENTO POSITIVO NO SIGNIFICA
NO QUERER VER LA REALIDAD O IGNORAR
LAS SITUACIONES COMPLICADAS. ES UNA FORMA
DE AFRONTAR LA VIDA Y LO DESAGRADABLE
DE UNA MANERA MÁS POSITIVA Y PRODUCTIVA.

Suele comenzar con el diálogo interno: ese flujo interminable de pensamientos no manifestados que te pasan por la cabeza. Estos pensamientos automáticos pueden ser positivos o negativos. Parte del diálogo interno proviene de la lógica y la razón. Otra parte puede surgir de las ideas erróneas que uno mismo se crea por falta de información.

Por estudios similares al que acabamos de mencionar de la Universidad de Wisconsin, se ha podido valorar que pensar en positivo puede traer beneficios como los que enumero a continuación:

- Aumento de la expectativa de vida
- Menores tasas de depresión
- Menores niveles de angustia
- Mayor resistencia al resfriado común
- Mayor bienestar psicológico y físico
- Menor riesgo de muerte por enfermedades cardiovasculares
- Mejor capacidad de afrontar situaciones difíciles

Sin embargo, no está claro por qué las personas que se enfocan en el pensamiento positivo experimentan estos beneficios. Una de las teorías es que tener una perspectiva positiva permite afrontar mejor las situaciones estresantes, lo que reduce los efectos nocivos que tiene el estrés sobre la salud.

También se cree que las personas positivas y optimistas tienden a llevar un estilo de vida más saludable: realizan más actividad física, siguen una dieta más sana y no fuman ni beben alcohol en exceso.

Ahora bien, **¿no estás seguro de si tu diálogo interno es positivo o negativo?** Vamos a ver algunas formas comunes del diálogo interno negativo:

- **Filtrar.** Exageras los aspectos negativos de una situación y olvidas los positivos. Por ejemplo, terminaste lo que tenías pendiente en la oficina antes de tiempo y te felicitaron por haberlo hecho rápido y bien. Al llegar a casa, solo piensas en cómo podrías terminar más tareas y te olvidas del reconocimiento que recibiste.
- **Personalizar.** Cuando sucede algo malo, te echas la

culpa. Por ejemplo, te enteras de que se canceló una salida con amigos y supones que el cambio de planes se debe a que nadie quería estar contigo.

- **Dramatizar.** Siempre anticipas que va a pasar lo peor. En la cafetería, por la mañana, te traen algo que no habías pedido y automáticamente piensas que el resto del día va a ser un desastre.
- **Polarizar.** Solo ves las cosas como buenas o malas. No hay término medio. Sientes que tienes que ser perfecto, de lo contrario consideras que eres un fracaso.

Se puede aprender a convertir el pensamiento negativo en pensamiento positivo. El proceso es simple, pero requiere tiempo y práctica, como ocurre con cualquier nuevo hábito. A continuación enumero algunas formas de pensar y comportarse de manera más positiva:

- **Identifica las áreas que tienes que cambiar,** esas en las que sueles pensar de forma negativa, ya sea el trabajo, tu trayecto diario al trabajo o una relación. Puedes empezar poco a poco, enfocándote en una sola área.
- **Evalúate tú mismo.** Cada tanto, durante el día, detente y evalúa lo que estás pensando. Si encuentras que tus pensamientos son mayormente negativos, trata de encontrar una manera de darles un giro positivo.
- **No olvides el sentido del humor.** Permítete sonreír o reír, especialmente durante momentos difíciles. Busca el humor en situaciones cotidianas. Cuando uno puede reírse de la vida se siente menos estresado.
- **Mantén un estilo de vida saludable.** Haz unos treinta minutos de ejercicio diario todos los días que puedas. Incluso puedes dividirlo en tandas de diez minutos.

Mantén una dieta saludable para alimentar tu mente y tu cuerpo. Y aprende técnicas para controlar el estrés, como las que hemos visto en el capítulo anterior.

- **Rodéate de gente positiva y nutritiva.** Debes preferir la compañía de personas positivas que te apoyen y en quienes puedas confiar para que te den consejos y opiniones útiles. Las personas negativas pueden aumentar tu nivel de estrés y hacerte dudar de tu capacidad para controlarlo de manera saludable.

- **Practica la charla positiva contigo mismo.** Comienza siguiendo una simple regla: no te digas nada que no le dirías a otra persona. Sé amable y alentador. Si un pensamiento negativo ocupa tu mente, evalúalo en forma racional y responde con afirmaciones de lo que está bien sobre ti mismo. Piensa en las cosas por las que estás agradecido en tu vida.

EJEMPLOS DE DIÁLOGO INTERNO NEGATIVO Y MANERAS DE DARLES UN GIRO POSITIVO

DIÁLOGO INTERNO NEGATIVO	PENSAMIENTO POSITIVO
Nunca lo he hecho.	Es una oportunidad para aprender algo nuevo.
Es demasiado complicado.	Lo puedo abordar desde una perspectiva diferente.
No tengo los recursos.	La necesidad es la madre de la creatividad.

DIÁLOGO INTERNO NEGATIVO	PENSAMIENTO POSITIVO
Soy demasiado perezoso para hacer esto.	No he podido adaptarlo a mi agenda, pero puedo reevaluar algunas prioridades.
No hay forma de que funcione.	Puedo intentar hacer que funcione.
Es un cambio demasiado radical.	Me voy a arriesgar, lo voy a hacer.
Nadie se molesta en comunicarse conmigo.	Voy a ver si puedo abrir las vías de comunicación.
No voy a mejorar en esto.	Lo voy a intentar de nuevo. Es más importante levantarse que aprender.

Si tienes una actitud negativa, no esperes convertirte en un optimista de la noche a la mañana. Pero con la práctica y el tiempo, tu diálogo interno contendrá menos autocrítica y más autoaceptación. También puedes ser menos crítico con el mundo que te rodea.

Cuando tu estado mental es generalmente optimista, eres más capaz de manejar el estrés diario de una manera más constructiva. Esa capacidad puede contribuir a los beneficios para la salud ampliamente observados del pensamiento positivo.

Si piensas en los beneficios del cambio de actitud, querrás cambiar y te será más fácil hacerlo. Para llevar a cabo ese cambio, aquí hay unas claves:

1. Lo primero, como decíamos antes, es ser consciente de que deseo un cambio de actitud y lo elijo. «Me doy cuenta».

2. Una vez identificado ese deseo, se toma la decisión de cambiar de actitud. «Quiero hacerlo».

3. Con la decisión tomada, queda determinar qué quiero cambiar y dónde quiero poner el foco de mi actitud. «Sé lo que quiero y lo que no quiero».

4. Una vez que hemos dado estos tres pasos, tenemos que mostrar intención y voluntad para llevarlo a cabo. «Lo voy a hacer».

5. Después es importante elaborar un plan que podamos consultar y seguir. «Sé cómo voy a hacerlo».

6. Con el plan en la mano, podemos pasar a la acción. El plan me ayudará a orientar la mirada al mundo que deseo tener. «Lo hago».

7. Cuando ya empecemos con nuestro plan de cambio, nos felicitamos por ello. «Me cuido y me quiero».

Si nos invadimos de pensamientos negativos, empezamos a somatizar, a tener sensación de agobio; si tenemos dolores musculares, de espalda, malestar de estómago, problemas para dormir; si todo parece molestarnos, lo que sale por nuestra boca va en sentido de queja, crítica o pensamiento negativo; si nuestra relación de pareja empieza a resentirse, no tenemos apetencia sexual; si sentimos periodos o crisis de ansiedad... Está claro que ocurre algo, hay que cambiar.

Es cierto que las noticias son desalentadoras y hay que tener en cuenta una cosa muy importante: todo lo que se atiende se hace más grande. Si todo el día estoy pendiente de la crisis, de lo malo que viene y del sufrimiento, al final esto me conforma también.

Con esto no quiero decir que lo neguemos, **quiero decir que lo veamos en dosis saludables y conscientes, para estar informados, sentir la tristeza, rabia o compasión,** pero que sepamos proteger nuestro sistema cognitivo, depurarlo y limpiarlo para mantenernos bien.

Puesto que nuestro entorno, nuestros hijos, nuestra pareja, nuestros amigos se impregnan también de nosotros, es importante ser consciente, hacer lo que se pueda hacer, ser responsable en nuestra actitud y solidarios. Pero tiene que haber una conducta responsable, mantenerse psicológicamente bien, practicar la fortaleza y la calma interior, potenciar la serenidad, generar una corriente de energía amable, saber discernir lo que puedo cambiar de lo que no y saberlo aceptar, hacerle la vida más agradable a nuestro entorno y coger fuerzas para reinventarse y seguir nadando. Esto lo conseguiremos porque previamente lo habremos trabajado nosotros.

Para poder cuidar y atender es necesario hacerlo primero en uno mismo.

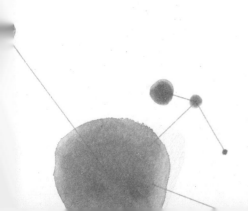

EPÍLOGO
EL AMOR ES LA MEDICINA DE LA VIDA

Querido lector, compañero de viaje, amante del conocimiento, apasionado del ser humano y —espero que ahora— fan del autocuidado y autoamor, quiero darte las gracias por haberme acompañado hasta aquí. Espero que al terminar este viaje te haya quedado un poso de aprendizaje acerca de nuestra existencia, nuestro ser y nuestra ciencia. Aunque, cuando hablamos de ciencia, ya se sabe que solo podemos decir «hasta el momento», ya que seguimos avanzando y descubriendo.

Deseo de todo corazón que este libro sea una puerta que te lleve a abrir muchas más, que te sirva para mejorar tu vida, para alcanzar ese bienestar que ahora llamamos «felicidad», pero comprendiendo que para sentirnos bien también es necesario acoger la incomodidad y aceptar lo que no nos resulte perfecto.

El autoconocimiento, la investigación sobre uno mismo, la aclaración de lo que es nuestro cerebro, el viaje a nuestro interior, la indagación amable y el sentir que nos amamos y nos cuidamos, indudablemente va alimentando a nuestro ser y va nutriendo y formando ese concepto de felicidad que tanto anhelamos.

Espero haber aclarado algunos conceptos, espero haber transmitido que la felicidad no es hedonismo, que la felicidad y el bienestar van de la mano, pero que el bienestar es algo más que autocuidado y autoamor, que una vida sin dolor.

Deseo de corazón que se entienda que nuestro cerebro es muy capaz, pero no es la pieza angular sobre la que se apoya nuestra existencia y nuestro ser. Nuestro cerebro será capaz de llevarnos a donde le digamos, pasando por actitudes, valores, experiencias, comprensiones, dramas, dolores, sufrimientos, crisis y crecimiento.

Me gustaría haber sabido comunicar que el sufrimiento y el drama se pueden evitar. Y que se haya comprendido que, en ocasiones, el drama, al igual que la queja, tiene una función de desahogo, de drenar desde la consciencia. Pero hay que tener cuidado de no pasarse porque entonces se activan el cortisol y la adrenalina en exceso y se descompensa nuestro sistema endocrino. Aparecen las patologías propias de un estrés prolongado e innecesario, solo porque hemos aprendido a quejarnos, a rechazar, a presionar, a exigir, a forzar, y nos hemos olvidado de conectar, de aceptar y, si no podemos con ello, de cambiar.

Espero, querido lector, que hayas podido imaginar cómo somos por dentro y humanizar lo que ya eres en esencia y en células de vida, pero que lo sentimos separado de nosotros porque no lo vemos y porque nos hemos desconectado de sentirlo.

También espero haberte trasladado la idea de que nuestro corazón es muy inteligente, sabe más allá de nuestro pensamiento, más allá de la evaluación, más allá de las ideas. Siente por intuición, reacciona a la respuesta unos milisegundos antes que el cerebro, así que es fácil imaginar lo que manda. Lo único que necesitamos es aprender a volver a escucharlo. Espero que este libro sea el primer paso.

Deseo que te hayas sentido feliz al saber que somos responsables, capaces y estamos en nuestro derecho y en nuestra oportunidad de modificar nuestra estructura con nuestras prácticas y nuestros hábitos. ¿No te parece increíble el poder que tienes ante ti? Ahora la única e íntima cuestión es: ¿te quieres lo suficiente como para iniciar acciones de cambio que te demuestren lo valioso, maravilloso y poderoso que puedes llegar a ser?

Es muy importante para mí que te haya gustado leer sobre la importancia del sueño y que por fin esto suponga un antes y un después en tu rutina de reparación cerebral.

Deseo de todo corazón que hayas disfrutado conociendo que nuestros pensamientos pueden cambiar nuestra salud, que nuestra alimentación es capaz de mejorar nuestras emociones y que nuestras prácticas diarias pueden realmente cambiarnos la vida.

Y para esto no me vale la pregunta ¿cómo lo hago? Hay muchas opciones y recomendaciones que solo necesitan que te conectes con tu responsabilidad, con tu madurez. Debes priorizar, encontrar dónde está tu cultivo principal, cómo quieres llegar a estar dentro de unos años, qué valoras en tu vida, cuánto decides quererte, respetarte y cuidarte... Para empezar, también es importante que comprendas que todo comienza por pequeños hábitos, de amor y autocuidado consciente, con amabilidad, con perseverancia amorosa hacia ti mismo, para ofrecer lo mejor que eres al mundo.

La vuelta a casa, la vuelta a ti, el cultivo de tu ser se convertirá, para ti y para compartir con el mundo, en un acto de tanta generosidad que creará una realidad mucho más evolucionada, una sociedad más consciente, más amable, con más sensibilidad y respeto por la vida, por la salud, por la naturaleza y por todos los seres que la habitamos.

Dicho esto, es increíble cuánto se puede aprender hablando de neurociencia, de felicidad, de neuroquímica, de acciones que ya sabemos que refuerzan estos compuestos que nos ajustan o desajustan, de pasión, de actitud, de inteligencia y, sobre todo, de amor.

PORQUE, PARA MÍ,
SI HAY UNA MEDICINA POTENTE EN ESTA VIDA
ES EL AMOR.

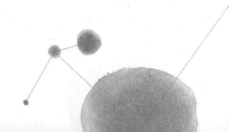

REFERENCIAS BIBLIOGRÁFICAS

Libros y artículos

Bloom, F. E., *et al.* (1995), *Psychopharmacology: The fourth generation of progress,* Nueva York, Raven Press.

Cebrián, J., y J. Guarga (2012), *Diccionario de plantas medicinales,* Barcelona, RBA.

Heck, D. H., *et al.* (2019), «The rhythm of memory: How breathing shapes memory function», *Journal of Neurophysiology,* 122, 2, pp. 563-571, <https://doi.org/10.1152/jn.00200.2019>.

Herrero, J. L., *et al.* (2018), «Breathing above the brain stem: Volitional control and attentional modulation in humans», *Journal of Neurophysiology,* 111, 1, pp. 145-159, <https://doi.org/10.1152/jn.00551.2017>.

Jordan, C. H., y V. Zeigler-Hil (2020), «Fragile self-esteem», en V. Zeigler-Hill y T. K. Shackelford (eds.), *Encyclopedia of personality and individual differences,* Cham, Springer, <https://doi.org/10.1007/978-3-319-24612-3_1131>.

Lutz, J., *et al.* (2014), «Mindfulness and emotion regulation: An fMRI study», *Social Cognitive and Affective Neuroscience,* 9, 6, pp. 776-785, <https://doi.org/10.1093/scan/nst043>.

Maris, G. (2018), «The brain and how it functions», *Research Gate,* <https://www.researchgate.net/publication/327101869_ The_Brain_and_How_it_Functions>.

Martino, P. (2014), «Un análisis de las estrechas relaciones entre el estrés y la depresión desde la perspectiva psiconeuroendocrinológica. El rol central del cortisol», *Cuadernos de Neuropsicología,* 8, 1, pp. 60-75.

Predovan, D., *et al.* (2019), «Effects of dancing on cognition in healthy older adults: A systematic review», *Journal of Cognitive Enhancement,* 3, pp. 161-167, <https://doi. org/10.1007/s41465-018-0103-2>..

Talbott, S. M. (2007), *The cortisol connection: Why stress makes you fat and ruins your health-and what you can do about it,* Alameda, Hunter House.

Valdés Velázquez, A. (2014), «Neurotransmisores y el impulso nervioso», *Researche Gate,* <https://www.researchgate.net/ publication/327219439_Neurotransmisores_y_el_impulso_ nervioso>.

Young, Simon N. (2007), «How to increase serotonin in the human brain without drugs», *Journal of Psychiatry & Neuroscience,* 32, 6, pp. 394-399.

Recursos en línea

Para más información sobre Deepak Chopra y pensar en positivo: <https://es.linkedin.com/pulse/piensa-positivo-s%C3%A9-lamco-marketing>.

Para más información sobre el corazón y la coherencia cardiaca: <https://clinicanasser.es/blog/el-corazon-tiene-cerebro/>. <https://www.heartmath.com/>.

Para más información sobre las curiosidades del cerebro:
<https://es.linkedin.com/pulse/las-25-curiosidades-m%C3%A1s-
asombrosas-del-cerebro-mar%C3%ADa-jos%C3%A9-basa->.

Para más información sobre el sueño:
<https://www.abc.es/ciencia/abcm-sueno-aprendizaje-201106230000_
noticia.html>.
<https://www.comounamarmota.com/pages/dormir-bien-mejora-
tu-salud-tu-rendimiento-y-tu-felicidad>.

Para más información sobre las hormonas:
<https://www.prevencionintegral.com/actualidad/noticias/2018/06/29/
cuarteto-felicidad-como-desatar-efectos-positivos-endorfina-
serotonina-dopamina-oxitocina>.
<https://www.aarp.org/espanol/salud/vida-saludable/info-2019/
exceso-de-cortisol-en-el-cuerpo.html>.

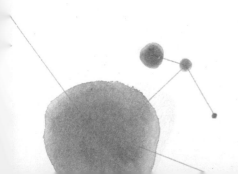

NOTA DE LA AUTORA

Deseo de corazón que este viaje por el cerebro te haya inspirado y ayudado. Como habrás deducido, esto es, de alguna manera, solo el principio de tu cambio. Si quieres seguir conociendo mi contenido, te invito a seguirme en las redes sociales. Puedes encontrarme en Instagram como **@vidasenpositivo_anaasensio.** Me encantará si te animas a compartir allí tu lectura y a hacerme llegar tus impresiones.

Además, si quieres descubrir el resto de las iniciativas que he puesto en marcha durante estos años de trayectoria profesional, te animo a echarle un vistazo a mi web, **vidasenpositivo. com,** donde podrás acceder a diversos contenidos, descubrir mis cursos y talleres o reservar una cita conmigo.

Un abrazo,

ANA ASENSIO

«Para viajar lejos no hay mejor nave que un libro».

EMILY DICKINSON

Gracias por tu lectura de este libro.

En **penguinlibros.club** encontrarás las mejores
recomendaciones de lectura.

Únete a nuestra comunidad y viaja con nosotros.

penguinlibros.club